高等学校信息安全系列教材

# 网络安全技术实践教程

主 编 马 钊

副主编 宋 军 许 瑞
　　　　章丽平 程 池

本书由中国地质大学（武汉）"十二五"规划教材项目资助

科学出版社

北 京

版权所有，侵权必究

举报电话：010-64030229，010-64034315，13501151303

## 内 容 简 介

本书针对信息安全专业的培养目标及网络安全课程的授课要求，从实用技术出发，充分考虑各高校网络安全实验室的软、硬件环境，结合网络安全技术课程组一线教师的多年授课经验，围绕系统平台安全加固、服务器安全配置、网络扫描与监听、网络攻防技术、应用安全等几个网络安全的重要内容及方向，通过大量的详细步骤图例展示，兼顾实验原理的介绍和解析，引领学生举一反三，进行实验创新，提升实验兴趣，提高实践能力。

本书适合作为信息安全、网络空间安全以及相关专业本科生网络安全课程实践的指导用书，同时也适合网络管理人员、网络安全维护人员、系统管理人员和相关技术人员以及参加信息安全类认证考试人员参考和阅读。

图书在版编目（CIP）数据

网络安全技术实践教程/马钊主编. —北京：科学出版社，2018.10
高等学校信息安全系列教材
ISBN 978-7-03-058799-2

Ⅰ. ①网… Ⅱ. ①马… Ⅲ. ①计算机网络-网络安全-高等学校-教材 Ⅳ. ①TP393.08

中国版本图书馆 CIP 数据核字（2018）第 210511 号

责任编辑：闫　陶／责任校对：董艳辉
责任印制：徐晓晨／封面设计：彬　峰

*科学出版社* 出版
北京东黄城根北街 16 号
邮政编码：100717
http://www.sciencep.com

**北京虎彩文化传播有限公司** 印刷
科学出版社发行　各地新华书店经销
\*

2018 年 10 月第　一　版　　开本：787×1092　1/16
2019 年  7 月第二次印刷　　印张：14 1/4
字数：320000

**定价：46.00 元**
（如有印装质量问题，我社负责调换）

# 前　　言

　　随着我国信息化和网络技术的快速发展，人们对计算机网络的依赖程度也日益提高，网络空间安全问题日益突出。渗透手段和攻击技术的不断发展，导致信息安全事件层出不穷，这对我国的网络空间安全防御能力提出了新的挑战，政治、经济、文化、国防、个人乃至整个社会的稳定都面临着日益严重的网络安全威胁。因此，培养高素质的网络安全人才问题理所当然地摆在了每一个业内人士的面前。

　　当前，重视实验与实践教育是各国高等教育界的发展潮流，同时也是创新创业教育中一个行之有效的重要环节，实验与实践性教学同传统理论教学是相辅相成的，具有同等重要的地位。面对上述的新形势和新挑战，完善实验和实践教学成为一种必然。就网络安全这门课程而言，它本身就是一门实践性非常强的课程，其许多技术几乎可以说就是在实践中摸索和发展出来的，而实践动手能力和创新能力也是在大量的实践中培养和锻炼出来的。

　　基于以上考虑，我们针对该课程的特点，在总结了多位一线专业教师相关课程的理论和实践教学的经验基础之上，参阅了大量内部讲义、相关文献和资料，结合我校的网络工程与信息安全实验室、数据存储与网络安全实验室的实际软、硬件环境和教学情况，及时编写了这本为网络空间安全、信息安全及相关专业的网络安全课程配套服务的实践教程，使得该课程的实验适用性强，有据可循。同时，考虑到网络安全这门课程本身所具有的灵活性和创造性等特点，本书不仅给出了大量详细的过程、步骤描述和图例展示，而且还重视实验原理和方法的介绍，旨在深入剖析理论原理之后更大限度地开发学生的创造力和动手能力，让学生充分领略设计的乐趣和成就感。同时，希望每个实验将重点更多地放在相关知识的准备阶段，知其然更知其所以然，最终完成实验准备、方案设计、实验过程、总结及报告等各个环节，书中的附录部分也给出了实验报告的建议。

　　中国地质大学（武汉）计算机学院信息安全系自 2002 年成立以来，始终致力于信息安全专业的建设，其教学、科研、人才梯队的建设已具备一定规模，不论是我校的信息安全专业的开设还是信息安全实验室的建设，均走在了全国各高校的前列，本书的编写将是网络安全课程实验教学领域的又一次大胆尝试和开拓。本书精选了 22 个比较实用的网络安全实验，主要内容涉及网络安全实验基础环境搭建、系统平台安全加固、网络服务器安全配置、网络扫描与监听技术、网络攻击与防御技术、应用安全等应用型实验，难度各不相同，教师可选择一部分给学生做，也可给不同需求的学生安排不同层次的实验。对于每一个实验，可以分为不同的等级，完成不同等级的实验应该取得不同等级的成绩。实验安排建议：将实验学时数控制在每个实验 2~4 学时，采用分组的形式，每组人数控制在 10 人以内。总学时安排在 40 学时左右，具体进度可由教师安排，也可以根据教学进度灵活掌握。

需要说明的是，考虑到各高校各相关专业教学培养计划之间可能存在的差异，本书以信息安全专业的培养方案为依据，默认学生在网络安全课程之前均已具备了计算机网络及信息安全基础的相关知识和技能，所以本书并未安排计算机网络及信息安全基础认知类实验的内容。但必要的网络实验和信息安全基础实验是网络安全实验的基础，可为后续的实验做一个很好的铺垫，因此，如果学生在这方面的知识和能力有所缺陷，我们建议进行课外完善和补充，同时也会考虑在今后的再版中得到体现。随着实践教学的不断改革及深化，更多、更高层次的实验也将在再版中陆续加入进来。

本书实用性和针对性强，适合作为信息安全、网络空间安全及相关专业本科生网络安全课程实践的指导用书，同时由于包含了较为丰富的背景知识和实用技术，因而也适合网络管理人员、网络安全维护人员、系统管理人员和相关技术人员以及参加信息安全类认证考试人员参考和阅读。

本书的编写得到了我校、院各级领导的大力支持和帮助，在此表示衷心的感谢；同时，我系的很多老师也都提出了很多很好的意见和建议，在此也一并表示感谢。特别感谢中国地质大学（武汉）教务处，给我们提供了有力的项目支持和保障，使本书最终得以完成；非常感谢网络工程系樊俊青和陈云亮老师对我们的大力支持和帮助，在本书的成书过程中，两位老师为我们提供了很好的软、硬件平台及环境，并提供了大量有价值的资料和建议。同时也要特别感谢中国地质大学（武汉）计算机学院信息安全专业的全体同学，他们认真、耐心地反复实验为本书某些具体细节提供了有力的技术支撑；尤其还要感谢武汉工程大学邮电与信息工程学院的陈显桥同学为本书做出的巨大贡献。在这里，请允许我们再次向以上所有领导、老师、同学以及信息安全界的同仁致以衷心的感谢！

需要声明的是，编写此书的目的是希望帮助读者全面解读网络安全技术，以期更好地进行安全防范，绝不是为心怀叵测的人提供技术支持，因此我们不承担因为本书中所含技术被滥用而产生的连带责任。

本书中涉及了大量的工具软件和资料，读者如有需要请与中国地质大学（武汉）计算机学院信息安全系联系。

由于网络安全实验的开放性，成书时间仓促，加之笔者能力有限，难免疏漏。对于本书中的不足之处敬请广大师生批评指正，以便再版时能够日臻完善。

2018 年 5 月 19 日于武汉南望山

# 目　　录

## 第1章　实验环境准备 ··································································· 1
### 1.1　VMware Workstation Pro 的安装及使用 ······························· 1
#### 1.1.1　实验目的 ····································································· 1
#### 1.1.2　实验原理和基础 ··························································· 1
#### 1.1.3　实验环境 ····································································· 1
#### 1.1.4　实验要求 ····································································· 1
#### 1.1.5　实验内容和步骤 ··························································· 2
#### 1.1.6　实验总结 ····································································· 7
### 1.2　虚拟环境下 IIS 的安装和配置 ················································· 7
#### 1.2.1　实验目的 ····································································· 7
#### 1.2.2　实验原理和基础 ··························································· 7
#### 1.2.3　实验环境 ····································································· 8
#### 1.2.4　实验要求 ····································································· 8
#### 1.2.5　实验内容和步骤 ··························································· 8
#### 1.2.6　实验总结 ··································································· 12
## 第2章　系统平台安全 ······························································· 13
### 2.1　Windows 系统安全加固 ························································ 13
#### 2.1.1　实验目的 ··································································· 13
#### 2.1.2　实验原理和基础 ························································· 13
#### 2.1.3　实验环境 ··································································· 15
#### 2.1.4　实验要求 ··································································· 15
#### 2.1.5　实验内容和步骤 ························································· 15
#### 2.1.6　实验总结 ··································································· 20
### 2.2　Linux 系统安全加固 ····························································· 21
#### 2.2.1　实验目的 ··································································· 21
#### 2.2.2　实验原理和基础 ························································· 21
#### 2.2.3　实验环境 ··································································· 22
#### 2.2.4　实验要求 ··································································· 22
#### 2.2.5　实验内容和步骤 ························································· 23
#### 2.2.6　实验总结 ··································································· 35

# 第 3 章 服务器安全防护 ............ 37

## 3.1 基于 IIS 7.0 的 Web 服务器安全配置 ............ 37
### 3.1.1 实验目的 ............ 37
### 3.1.2 实验原理和基础 ............ 37
### 3.1.3 实验环境 ............ 38
### 3.1.4 实验要求 ............ 38
### 3.1.5 实验内容和步骤 ............ 39
### 3.1.6 实验总结 ............ 56

## 3.2 Linux 平台下的 FTP 服务器安全配置 ............ 57
### 3.2.1 实验目的 ............ 57
### 3.2.2 实验原理和基础 ............ 57
### 3.2.3 实验环境 ............ 59
### 3.2.4 实验要求 ............ 59
### 3.2.5 实验内容和步骤 ............ 59
### 3.2.6 实验总结 ............ 64

# 第 4 章 网络扫描与监听技术 ............ 66

## 4.1 利用 FreePortScanner 进行端口扫描 ............ 66
### 4.1.1 实验目的 ............ 66
### 4.1.2 实验原理和基础 ............ 66
### 4.1.3 实验环境 ............ 68
### 4.1.4 实验要求 ............ 68
### 4.1.5 实验内容和步骤 ............ 68
### 4.1.6 实验总结 ............ 75

## 4.2 基于多种工具的 Web 漏洞扫描器的应用 ............ 75
### 4.2.1 实验目的 ............ 75
### 4.2.2 实验原理和基础 ............ 75
### 4.2.3 实验环境 ............ 77
### 4.2.4 实验要求 ............ 77
### 4.2.5 实验内容和步骤 ............ 78
### 4.2.6 实验总结 ............ 85

## 4.3 使用 Wireshark 抓包及微信安全协议分析 ............ 85
### 4.3.1 实验目的 ............ 85
### 4.3.2 实验原理和基础 ............ 85
### 4.3.3 实验环境 ............ 88
### 4.3.4 实验要求 ............ 88
### 4.3.5 实验内容和步骤 ............ 89
### 4.3.6 实验总结 ............ 95

| | | |
|---|---|---|
| 4.4 | 基于 Fiddler 抓包工具的 HTTP/HTTPS 协议分析 | 96 |
| | 4.4.1 实验目的 | 96 |
| | 4.4.2 实验原理和基础 | 96 |
| | 4.4.3 实验环境 | 98 |
| | 4.4.4 实验要求 | 98 |
| | 4.4.5 实验内容和步骤 | 98 |
| | 4.4.6 实验总结 | 109 |

## 第 5 章 网络攻击技术 ················ 110

| | | |
|---|---|---|
| 5.1 | 基于 Cain 的账户及口令破解 | 110 |
| | 5.1.1 实验目的 | 110 |
| | 5.1.2 实验原理和基础 | 110 |
| | 5.1.3 实验环境 | 111 |
| | 5.1.4 实验要求 | 111 |
| | 5.1.5 实验内容和步骤 | 111 |
| | 5.1.6 实验总结 | 115 |
| 5.2 | ARP 欺骗和网络执法官网络管控 | 115 |
| | 5.2.1 实验目的 | 115 |
| | 5.2.2 实验原理和基础 | 116 |
| | 5.2.3 实验环境 | 117 |
| | 5.2.4 实验要求 | 117 |
| | 5.2.5 实验内容和步骤 | 117 |
| | 5.2.6 实验总结 | 120 |
| 5.3 | DoS 和 DDoS 攻击 | 120 |
| | 5.3.1 实验目的 | 120 |
| | 5.3.2 实验原理和基础 | 120 |
| | 5.3.3 实验环境 | 122 |
| | 5.3.4 实验要求 | 122 |
| | 5.3.5 实验内容和步骤 | 122 |
| | 5.3.6 实验总结 | 124 |
| 5.4 | Web 攻击 | 124 |
| | 5.4.1 实验目的 | 124 |
| | 5.4.2 实验原理和基础 | 124 |
| | 5.4.3 实验环境 | 125 |
| | 5.4.4 实验要求 | 125 |
| | 5.4.5 实验内容和步骤 | 125 |
| | 5.4.6 实验总结 | 133 |
| 5.5 | 游戏外挂类恶意代码的检测 | 134 |

|       |       | 5.5.1 | 实验目的 | 134 |
|-------|-------|-------|----------|-----|

- 5.5.1 实验目的 …… 134
- 5.5.2 实验原理和基础 …… 134
- 5.5.3 实验环境 …… 135
- 5.5.4 实验要求 …… 135
- 5.5.5 实验内容和步骤 …… 136
- 5.5.6 实验总结 …… 143

## 第 6 章 网络防御技术 …… 144

### 6.1 Windows 防火墙实验 …… 144
- 6.1.1 实验目的 …… 144
- 6.1.2 实验原理和基础 …… 144
- 6.1.3 实验环境 …… 144
- 6.1.4 实验要求 …… 144
- 6.1.5 实验内容和步骤 …… 144
- 6.1.6 实验总结 …… 149

### 6.2 Linux 防火墙实验 …… 149
- 6.2.1 实验目的 …… 149
- 6.2.2 实验原理和基础 …… 150
- 6.2.3 实验环境 …… 152
- 6.2.4 实验要求 …… 152
- 6.2.5 实验内容和步骤 …… 152
- 6.2.6 实验总结 …… 156

### 6.3 基于 Snort 搭建入侵检测系统 …… 156
- 6.3.1 实验目的 …… 156
- 6.3.2 实验原理和基础 …… 156
- 6.3.3 实验环境 …… 160
- 6.3.4 实验要求 …… 160
- 6.3.5 实验内容和步骤 …… 160
- 6.3.6 实验总结 …… 164

### 6.4 Linux 蜜罐系统 HoneyDrive 3 …… 164
- 6.4.1 实验目的 …… 164
- 6.4.2 实验原理和基础 …… 164
- 6.4.3 实验环境 …… 165
- 6.4.4 实验要求 …… 165
- 6.4.5 实验内容和步骤 …… 166
- 6.4.6 实验总结 …… 174

## 第 7 章 应用安全 …… 175
### 7.1 Web 站点实现 SSL 加密访问与握手过程分析 …… 175

7.1.1　实验目的 …………………………………………………………………… 175
　　7.1.2　实验原理和基础 ………………………………………………………… 175
　　7.1.3　实验环境 …………………………………………………………………… 176
　　7.1.4　实验要求 …………………………………………………………………… 176
　　7.1.5　实验内容和步骤 ………………………………………………………… 176
　　7.1.6　实验总结 …………………………………………………………………… 188
7.2　基于 PGP 的 E-mail 安全技术 …………………………………………………… 188
　　7.2.1　实验目的 …………………………………………………………………… 188
　　7.2.2　实验原理和基础 ………………………………………………………… 189
　　7.2.3　实验环境 …………………………………………………………………… 190
　　7.2.4　实验要求 …………………………………………………………………… 190
　　7.2.5　实验内容和步骤 ………………………………………………………… 190
　　7.2.6　实验总结 …………………………………………………………………… 199
7.3　VPN 安全通信 ……………………………………………………………………… 199
　　7.3.1　实验目的 …………………………………………………………………… 199
　　7.3.2　实验原理和基础 ………………………………………………………… 199
　　7.3.3　实验环境 …………………………………………………………………… 200
　　7.3.4　实验要求 …………………………………………………………………… 200
　　7.3.5　实验内容和步骤 ………………………………………………………… 200
　　7.3.6　实验总结 …………………………………………………………………… 206
附录 1　实验用表格 …………………………………………………………………………… 207
附录 2　常用网络命令 ………………………………………………………………………… 211
附录 3　常用端口速查 ………………………………………………………………………… 212

# 第 1 章 实验环境准备

万丈高楼平地起，做实验亦是如此。本章实验将为后续的实验搭建好实验环境，避免实验前相同步骤所需要做的重复工作。

## 1.1 VMware Workstation Pro 的安装及使用

### 1.1.1 实验目的

本次实验对象是基于 VMware 的虚拟机。由于接下来的实验都是基于 Windows Server 系统，但是在物理机上安装 Server 系统又不太现实，因而采用虚拟机的方式。VMware 在虚拟机领域被普遍使用，非常适合用来搭建虚拟机环境。本实验分为三个步骤：VMware 的下载、VMware 的安装、虚拟机的创建及其系统安装。其中 VMware 的下载和安装是虚拟机创建的前提，虚拟机的创建及其系统安装是今后实验所需要的基础。

### 1.1.2 实验原理和基础

VMware 工作站（VMware Workstation）是 VMware 公司销售的商业软件产品之一。该工作站软件包含一个用于英特尔 x86 兼容计算机的虚拟机套装，它允许多个 x86 虚拟机同时被创建和运行。每个虚拟机实例可以运行其自身的客户机操作系统，如 Windows、Linux、BSD 衍生版本等。用简单术语来描述就是，VMware 工作站允许一台真实的计算机同时运行数个操作系统。其他 VMware 产品帮助在多个宿主计算机之间管理或移植 VMware 虚拟机。

### 1.1.3 实验环境

一台系统版本高于 Windows 7 的操作系统，并且安装相应的 Microsoft.NET Framework 版本。

### 1.1.4 实验要求

熟悉 VMware 的下载、安装，创建新的虚拟机，并完成操作系统为 Windows Server 2008 R2 的虚拟机安装。

## 1.1.5 实验内容和步骤

**1. VMware 的下载**

首先，打开 VMware 的中文官方网站 https://www.vmware.com/cn，在页面的左侧找到"下载"。单击【下载】，在弹出的页面单击【Workstation Pro】（图 1.1）。

图 1.1　产品选择

在打开的登陆页面进行登录，如果没有账户可以在页面上单击【注册】进行免费注册（图 1.2）。

图 1.2　账户登录

登录成功之后，在新打开的页面下方，选择 Windows 版本的软件，单击【转至下载】（图 1.3）。

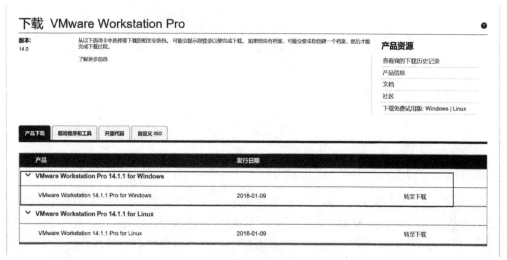

图 1.3　选择产品操作系统版本

在新的页面，单击【立即下载】，之后根据浏览器或下载工具的提示，保存到任意位置即可（图 1.4）。

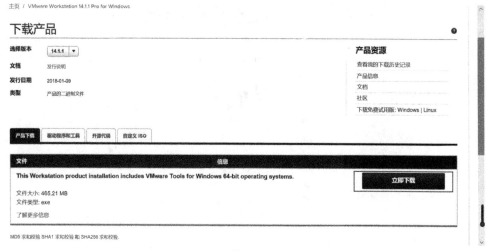

图 1.4　下载产品页面

打开下载完成的安装包，开始安装 VMware Workstation Pro。

**2. VMware 的安装**

等待资源加载完成后，在出现的安装主界面单击【下一步】，接受用户协议，再次单击【下一步】（图 1.5）；选择"安装位置"，选择是否勾选"增强型键盘驱动程序"，配置完成后单击【下一步】（图 1.6）。

图1.5 用户协议　　　　　　　图1.6 选择安装位置和键盘驱动

接下来关于"检查更新"和"加入客户体验改进计划"的两个选项，可以根据喜好来选择是否勾选，配置完成后单击【下一步】；根据喜好选择"快捷方式"，然后单击【下一步】，单击【安装】，等待安装完成的界面显示后，就可以单击【完成】退出安装程序了（图1.7）。

完成上述步骤后，建议立即重新启动系统。

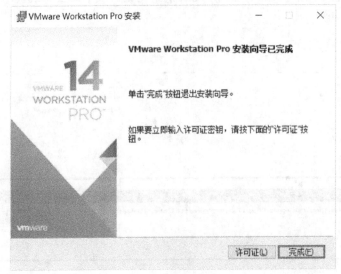

图1.7 安装完成

### 3. 虚拟机的创建

第一次启动 VMware 时，选择 30 天的试用，单击【继续】（图 1.8）。之后会申请管理员权限，允许后在新弹出的窗口里单击【完成】，进入 VMware 的主界面，接下来创建一个新的虚拟机。单击主界面的【创建新的虚拟机】，选择默认的【典型】选项，单击【下一步】（图 1.9）。若有使用经验，可选择自定义自行配置高级选项。

图 1.8  试用 VMware　　　　　图 1.9  选择配置类型

接下来单击【浏览】(图 1.10),选择下载好的系统光盘镜像文件格式(.iso),这里使用的光盘镜像操作系统为接下来实验即将用到的 Windows Server 2008 R2。单击【下一步】,界面密钥留空,安装完成后再激活系统即可。全名可自行设置,图中使用 Server 作为名字,密码自设。完成之后,单击【下一步】(图 1.11)。

图 1.10  选择系统光盘映像　　　　图 1.11  配置产品密钥、版本、名称和密码

之后编辑虚拟机名称和存放路径,完成之后单击【下一步】(图 1.12)。

图 1.12  配置虚拟机名称和存放路径

根据提示，设置好虚拟磁盘的大小，"单文件"或者"多文件"均可，单击【下一步】（图1.13）。

最后创建向导会确认一遍硬件配置信息，可以单击【自定义硬件】来调整配置。自定义完成后，单击【完成】（图1.14）。

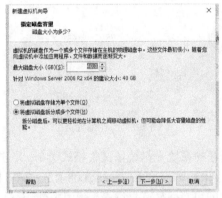

图1.13 配置虚拟磁盘大小和文件类型

图1.14 确认配置信息

此时会自动开启虚拟机。如果弹出错误提示（图1.15），打开保存虚拟机文件的目录（如果忘记该目录，可以在 VMware 界面的右侧找到虚拟机，将鼠标光标移动到虚拟机名字上即可显示），在目录下打开后缀为.vmx 的文件，将"vmci0.present="TRUE""这一行的"TRUE"改为"FALSE"并保存即可（图1.16）。

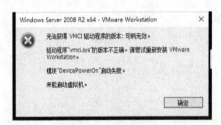

图1.15 错误提示　　　　　　　　图1.16 修改后的参照

### 4. 虚拟机系统的安装

保存后，再次启动虚拟机（图1.17），虚拟机会自动运行光盘文件进行系统安装（图1.18），安装过程中可能会自动重启多次，直至重启后出现系统桌面（图1.19），安装完成。

图1.17 虚拟机安装程序载入界面　　　　图1.18 Server 系统安装过程

图 1.19　Server 2008 R2 桌面

### 1.1.6　实验总结

虚拟机的下载安装表面烦琐，实则简易，并没有多少复杂的操作。在虚拟机里安装实验所需的操作系统，除了比在物理机上安装更符合实际环境以外，还有一个很重要的原因是：虚拟机方便备份，并且删除方便，无残留。备份只需要拷贝虚拟机存放的文件夹；删除同理。

虚拟机激活所需要的许可证可以在网上搜索可用的密钥进行激活，在有效的时间内做完实验应该是足够的。

## 1.2　虚拟环境下 IIS 的安装和配置

### 1.2.1　实验目的

在虚拟机上搭建 IIS 环境，IIS 是其他服务（如 DNS、DHCP 等）搭建的基础。

### 1.2.2　实验原理和基础

IIS 全称是 Internet Information Services，它是一个万维网服务器，Gopher Server 和 FTP Server 全都包容在里面。IIS 意味着用户可以发布网页，并且由 ASP（Active Server Pages）、JAVA、VBScript 产生页面，具有一些扩展功能。IIS 支持一些实用的功能，如编辑环境的界面(FrontPage)、全文检索功能(Index Server)、多媒体功能(NET SHOW)等。　其次，IIS 是随 Windows NT Server 4.0 一起提供的文件和应用程序服务器，是在 Windows NT Server 上建立 Internet 服务器的基本组件。它与 Windows NT Server 完全集成，允许使用 Windows NT Server 内置的安全性以及 NTFS 文件系统建立强大灵活的 Internet/Intranet 站点。IIS 是一种 Web（网页）服务组件，其中包括 Web 服务器、FTP 服务器、NNTP 服务器和 SMTP 服务器，分别用于网页浏览、文件传输、新闻服务和邮件发送等方面，它使得在网络（包括互联网和局域网）上发布信息成了一件很容易的事。

本次实验将在服务器上部署 IIS 以及 FTP 服务器。

### 1.2.3 实验环境

PC，虚拟机 VMware 下安装的 Windows Server 2008 R2。

### 1.2.4 实验要求

安装并配置 IIS，同时在 IIS 中配置 FTP 服务器。

### 1.2.5 实验内容和步骤

**1. 安装 IIS**

启动在实验 1.1 中已经安装好的 Windows Server 2008 R2 虚拟机，在开始菜单处找到"控制面板"并打开。在右上方的"搜索框"输入"图标"，回车后进行搜索，在搜索的结果里找到"显示或隐藏桌面上的通用图标"并打开（图 1.20）。

在"桌面图标设置"窗口，勾选"计算机"（图 1.21），单击下方的【应用】后单击【确定】，关闭"桌面图标设置"窗口。接着关闭"控制面板"窗口，并在桌面右键单击计算机图标，找到"管理"并打开。

图 1.20 控制面板

图 1.21 桌面图标设置

在左侧的菜单栏单击【角色】，在右侧单击【添加角色】（图 1.22）。

# 第 1 章 实验环境准备

图 1.22　服务器管理器

在新弹出的"添加角色"向导里，单击【下一步】后，在"选择服务器角色"界面，勾选"Web 服务器（IIS）"，两次单击【下一步】。在选择"角色服务"勾选"FTP 服务器"（图 1.23）。单击【安装】，等待安装完成的界面（图 1.24）出现后，单击【关闭】结束安装。

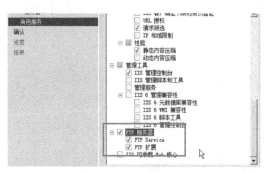

图 1.23　在"角色服务"步骤勾选"FTP 服务器"

图 1.24　安装完成的界面

**2. 验证安装**

在开始菜单里找到"运行"，输入"cmd"（图 1.25），单击【确定】后在新的命令行窗口输入"ipconfig"后回车，找到 IP 地址（图 1.26），在开始菜单找到并打开 IE 浏览器，输入 IP 地址后回车。如果显示了 IIS 的欢迎界面，表示 IIS 安装成功（图 1.27）。

图 1.25　运行窗口

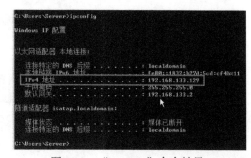

图 1.26　"ipconfig"命令结果

图 1.27　IIS 欢迎界面

### 3. 在 IIS 里配置 FTP 服务器

在开始菜单里搜索"iis"并打开（图 1.28），单击左侧菜单栏的主机名称，做如下步骤的配置：

图 1.28　开始菜单搜索结果

1）服务器证书

双击【服务器证书】，在右侧找到"创建自签名证书"并单击，填写自定义的有意义的名称，如 ssl（图 1.29），单击【确定】。

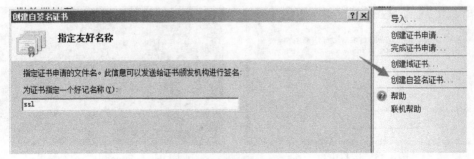

图 1.29　创建自签名证书

2）FTP SSL 设置

单击主机名称，找到"FTP SSL 设置"并打开，在证书处选择刚刚创建的自签名证书，并选择"允许 SSL 连接"，单击右侧的【应用】，看到提示即可（图 1.30）。

图 1.30　FTP SSL 设置

3）FTP 身份验证

单击主机名称，找到"FTP 身份验证"并打开，右键启用"基本身份验证"和"匿名身份验证"（图 1.31）。

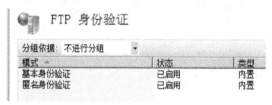

图 1.31　FTP 身份验证

4）FTP 授权规则

单击主机名称，找到"FTP 授权规则"并打开，单击右侧的【添加允许规则】，选择"所有用户"，并在"权限"处勾选"读取"和"写入"。如果有特殊需要，后续进行修改即可（图 1.32）。

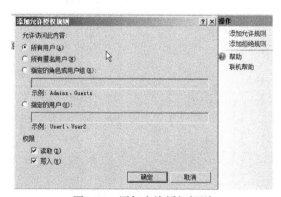

图 1.32　添加允许授权规则

5）FTP 服务开启

在左侧菜单栏，右键单击【网站】，添加 FTP 站点（图 1.33）。配置站点名称和物理路径（此处使用桌面作为路径）（图 1.34），单击【下一步】。

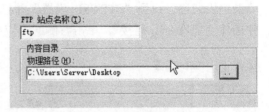

图 1.33　添加 FTP 站点　　　　　图 1.34　配置站点名称和路径

在"授权"处选择"所有用户"（图 1.35），之后单击【完成】。

图 1.35　授权

至此，FTP 服务器的配置完成。

### 1.2.6　实验总结

IIS 是 Windows Server 上一个很经典的用于提供互联网服务的程序，可用于搭建 Web 服务器、FTP 服务器、DNS 服务器等。本次实验用 IIS 来搭建好互联网服务器程序环境，为日后搭建其他服务（如 DNS、DHCP 等）提供了环境基础和实验准备。

# 第 2 章　系统平台安全

从本章开始，将在上一章已搭好的基础环境中，逐步进入网络安全技术的实践演练。在信息安全的金字塔结构中，系统平台安全是相对底层的结构，由此可见其所具有的重要意义和必要性。平台的安全，是更高层次网络通信安全及数据安全乃至整个信息安全的基础，因此，本章安排常用的 Windows 操作系统和 Linux 操作系统安全加固两类实验，旨在帮助读者适应不同的系统平台安全需求，打造坚实的网络通信安全基础。

## 2.1　Windows 系统安全加固

### 2.1.1　实验目的

安全加固是针对主机的漏洞和脆弱性采取的一种有效的安全手段，可以帮助系统抵御外来的入侵和病毒的袭击，使系统可以长期保持在高度可信的状态。通过实验了解 Windows 操作系统安全配置的一般方法，并熟练掌握注册表的安全配置，打造一个安全的 Windows 操作系统，为更上层的各类应用安全奠定基础。

### 2.1.2　实验原理和基础

通常对系统和应用服务的安全加固包括以下方面：

（1）安装最新补丁。使用 Windows Update 或第三方软件安装最新补丁，可以将系统升级到最新版本。但需要注意的是，安装补丁可能导致主机启动失败，或其他未知情况发生。

（2）账号、口令策略调整。目前的操作系统本身往往要提供一定的访问控制、认证与授权、组策略等方面的安全服务，其中账号、口令的策略调整是为了保障账号、口令的安全。设置账号策略后可能导致不符合账号策略的账号无法登录，需修改不符合账号策略的密码。需要注意的是，管理员不受账号策略限制，但管理员密码应保证一定的强度，以避免被暴力猜测导致安全风险。

（3）网络与服务加固。将不必要的服务如 Messenger、Print Spooler、Remote Registry 等启动类型设置为手动并停止，关闭相应的端口，避免未知漏洞给主机带来的风险。需要注意的是，由于某服务被禁止可能使得依赖于此服务的其他服务不能正常启动。

（4）文件系统权限增强。利用文件系统提供的权限增强功能提高系统安全性。但有可能会造成正常用户的访问障碍。

（5）日志审核功能增强。它包括安全策略的设置以及应用日志、安全日志、系统日志事件的大小和覆盖方式的设定。

（6）网络服务安全性增强。保证操作系统本身所提供的网络服务、VPN 等得到安全配置。但需要注意平衡安全和连同效率之间的关系。

常用的安全设置主要包括：

（1）服务和端口。端口是计算机与外界通信的渠道，各类数据包在最终封包时都会封装端口信息，以便在数据包接收后拆包识别，许多木马、病毒正是利用端口信息实现恶意骚扰的。所以，有必要把一些危险而又不常用到的端口关闭或封锁，以保证网络安全。关闭端口的方法非常简单，在"控制面板"→"管理工具"→"服务"中即可配置。一些端口常常会被攻击者或病毒、木马所利用，如端口 21、22、23、25、80、110、111、119、135、137、138、139、161、177、389、3389 等。这里以 139 端口为例，139 端口也就是 NetBIOS Session 端口，用作文件和打印的共享，它被大家熟知的勒索病毒所利用。关闭 139 端口的方法是在"本地连接"中选取"Internet 协议（TCP/IP）"，右键【属性】，进入"高级 TCP/IP 设置"，在"WINS"选项卡中，选中"禁用 TCP/IP 的 NETBIOS"选项，即可关闭 139 端口。

关于常见木马程序所使用的端口可以在本书附录 3 "常用端口速查"中找到。

（2）组策略和注册表。它们是 Windows 系统中重要的两部控制台。

为提高安全性，可以通过组策略禁止第三方非法更改地址，也可以禁止其他用户随意修改防火墙配置参数，还可以禁止 U 盘设备的自动播放，以免本机被 U 盘病毒感染，更可以提高共享密码强度免遭其被破解等。例如，在开始菜单中单击【运行】，输入"gpedit.msc"，打开组策略，然后在左侧列表区域中的"本地计算机策略"→"计算机配置"→"Windows 设置"→"安全设置"→"本地策略"→"审核策略"选项中找到"审核对象访问"，选中属性界面中的"失败""成功"选项，以后出现问题时就能有针对性地进入系统安全日志文件，查看相关事件记录。

注册表是 Windows 中最强大的工具。注册表允许对硬件、系统参数、应用程序和设备驱动程序进行跟踪配置；注册表中登录的硬件部分数据可以支持高版本 Windows 的即插即用特性，当 Windows 检测到机器上的新设备时，将有关数据保存到注册表中，还可以避免新设备与原有设备之间的资源冲突；管理人员和用户通过注册表可以在网络上检查系统的配置和设置，使远程管理得以实现。它是一个树型结构的数据库，有根目录和子目录，根目录表示主要的功能，子目录将这些主要功能再细化，最后落实到子键和键值。每个键值对应一个功能，而系统安全管理员只需要知道某项功能所在的主目录、子目录，并在其中完成设置键值即可。

（3）账户与密码安全。账户与密码的使用通常是许多系统预设的防护措施。事实上，有许多用户的密码是很容易被猜中的，或者使用系统预设的密码，甚至不设密码。用户应该避免使用不当的密码、系统预设密码或使用空白密码，应配置本地安全策略要求密码符合安全性要求。

## 2.1.3 实验环境

PC,64 位 Windows 7 系统。

## 2.1.4 实验要求

掌握常用的 Windows 安全配置方法,包括系统更新补丁、常用应用软件的安全级别设置、注册表的修改及设置、系统安全日志文件的保护和权限等。

## 2.1.5 实验内容和步骤

综上所述,Windows 系统安全加固包括检查及更新系统补丁、停止不必要的服务、修改不合适的权限、修改安全策略、检查账户与口令安全、注册表设置、日志文件的保护、开启审核策略、关闭不必要的端口等。下面选取其中的一部分进行引导演示,其余部分可举一反三,在上机学时较充足的情况下,可以将 Windows 提供的每一项安全设置逐一实验。

**1. 修补系统漏洞**

为了确保系统安全,要经常给系统打补丁,也就是修补漏洞。那么如何修补漏洞呢?可根据以下步骤进行:

首先单击系统左下角的【开始】,找到"控制面板"→"检查更新"(图 2.1),单击进入之后,会发现跳转到了"Windows Update"的选项,系统已经自动扫描好了补丁,此时选择更新。

图 2.1 系统更新检查

更新完成主要补丁之后,单击【可选补丁】,可以选择性地更新所需要的补丁(图 2.2),勾选并单击【确定】。

图 2.2　系统可选补丁

### 2. IE 浏览器的安全级别设置

浏览器是使用频率最高的网络应用软件，同时也是风险最大的应用软件之一，它的安全级别高低直接决定了上网中遭受恶意侵害的概率。

打开 IE 浏览器后，单击【工具】，然后选择"Internet 选项"。在"Internet 选项"中选择"安全"选项卡，安装级别设置包括"Internet"和"本地 Internet"，其中"Internet"安全设置适用于 Internet 网站，但不适用于列在受信任和受限制区域中的网站，"本地 Internet"中的安全设置适用于 Internet 上的所有网站。选中需要设置安全级别的区域后进行调节，或者单击【自定义级别】自行设置，最后单击【确定】保存退出（图 2.3）。

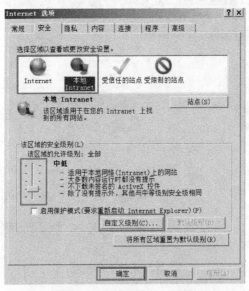

图 2.3　IE 浏览器安全设置

隐私、内容、链接等标签中涉及安全选项的内容可进一步设置，不再赘述。

## 3. 注册表编辑

### 1）注册表权限设置

注册表是管理 Windows 软、硬件的大管家，它的设置直接关系到计算机的稳定性，因此，必须对注册表进行安全防护，以保证它不会被恶意更改。

键盘上按"Win+R"快捷键打开运行窗口并输入"regedit"后单击【确定】按钮打开"注册表编辑器"窗口，鼠标左键单击选中窗口左侧要审核的主键或子键，例如，选择"HKEY_CURRENT_USER"主键（图 2.4（a）），接着在菜单栏中选择"编辑"→"权限"命令，弹出"HKEY_CURRENT_USER 的权限"对话框（图 2.4（b））。

 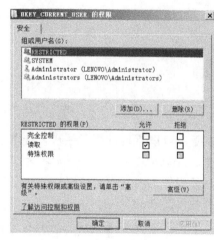

(a)　　　　　　　　　　　　　　　　(b)

图 2.4　注册表编辑器及其权限设置

在弹出的"HKEY_CURRENT_USER 的权限"对话框中单击【高级】按钮，弹出"HKEY_CURRENT_USER 的高级安全设置"对话框，选择其中的"审核"选项卡，再单击左下方的【添加】按钮，弹出"选择用户或组"对话框，单击【高级】按钮，在弹出的对话框中单击右边的【立即查找】按钮，在"搜索结果"栏中找到需要添加的用户或组（即需要审核该用户对注册表的修改等操作），双击鼠标左键，跳回到"选择用户或组"对话框中，单击右下角的【确定】按钮（图 2.5（a））。弹出"HKEY_CURRENT_USER 的审核项目"对话框，在此对话框的"访问"列表中选中或清除要审核或停止审核的事件"成功"或"失败"复选框，然后单击右下角的【确定】按钮即可完成注册表相应的权限设置（图 2.5（b））。

### 2）防止未经授权非法编辑注册表

注册表是整个系统的灵魂所在，任何对注册表的错误修改都有可能让系统瘫痪。因此，为了防止未经授权非法修改注册表，随意更改注册表设置，最好取消其他用户对注册表进行修改的权利。可以按照如下步骤来实现这样的目的：首先在注册表编辑界面中，找到"HKEY_CURRENT_USER\Software\Microsoft\Windows\CurrentVersion\Policies\键值"，然后在"Policies"键值的下面新建一个"System"主键，如果该主键已经存在

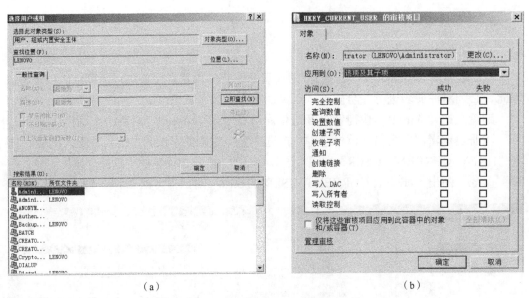

图 2.5 HKEY_CURRENT_USER 的审核项目

的话，可以直接进行下一步。接着在对应"System"主键右边窗口的空白处再新建一个"DWORD 串值"，并命名为"DisableRegistryTools"；把"DisableRegistryTools"的值设置为 1，设置好以后，重新启动计算机即可实现防止其他人非法编辑注册表的目的（图 2.6）。

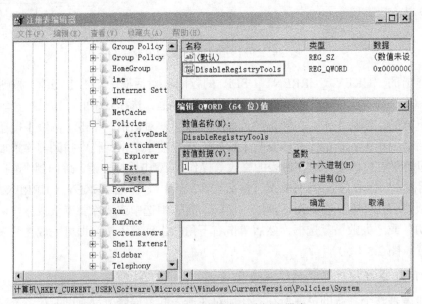

图 2.6 防止未经授权非法编辑注册表

**4. 日志和日志文件的保护**

对于服务器端的 Windows 而言，日志文件对系统安全非常重要，因此不能忽视对它的保护，应防止某些非法用户将日志文件清洗一空。

1）修改日志文件存放目录

Windows 日志文件默认路径是"%systemroot%system32config"，可以通过修改注册表来改变它的存储目录，以增强对日志的保护。

打开注册表编辑器，依次展开"KEY_LOCAL_MACHINE/system/CurrentControlSet/Services/Eventlog"，下面的"Application""Security""System"几个子项分别对应应用程序日志、安全日志、系统日志。

以应用程序日志为例，将其转移到"d:\dr"（daily record）目录下。选中"Application"子项，在右栏中找到"File"键，其键值为应用程序日志文件的路径"%SystemRoot%system32configAppEvent.Evt"，将它修改为"d:drAppEvent.Evt"。然后在 D 盘新建"dr"目录，将"AppEvent.Evt"拷贝到该目录下，重新启动系统，完成应用程序日志文件存放目录的修改。其他类型日志文件路径修改方法相同，只是在不同的子项下操作，或建立一系列深目录以存放新日志文件。

2）设置文件访问权限

修改了日志文件的存放目录后，日志还是可以被清空的，下面通过修改日志文件访问权限，防止这种情况发生，前提是 Windows 系统要采用 NTFS 文件系统格式。

右键单击 D 盘的 dr 目录，选择【属性】，切换到"安全"标签页后，单击【高级】→【更改权限】。首先取消勾选"允许将来自父系的可继承权限传播给该对象"，接着在账号列表框中选中"Administrators"账号，只给它赋予"读取"权限。然后单击【添加】按钮，将"System"账号添加到账号列表框中，赋予除"完全控制"和"修改"以外的所有权限，最后单击【确定】按钮。这样当用户清除 Windows 日志时，就会弹出错误对话框。

详细设置可见 Windows 自带的帮助文档"访问控制"（图 2.7）。

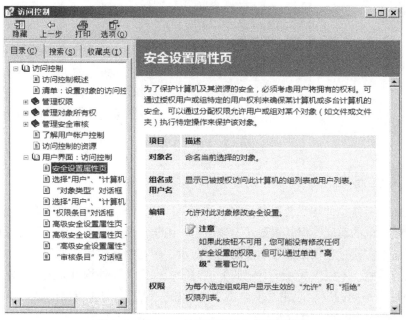

图 2.7　Windows 访问控制安全设置属性页

3）日志分析

在 Windows 日志中记录了很多操作事件，为了方便用户对它们的管理，每种类型的事件都赋予了唯一的编号，这就是事件 ID。

在 Windows 系统中，可以通过事件查看器的系统查看计算机的开、关机记录，这是因为日志服务会随计算机一起启动或关闭，并在日志中留下记录。例如，6005 表示事件日志服务已启动，如果在事件查看器中发现某日的事件 ID 号为 6005 的事件，就说明在这天正常启动了 Windows 系统；6006 表示事件日志服务已停止，如果没有在事件查看器中发现某日的事件 ID 号为 6006 的事件，就表示计算机在这天没有正常关机，可能是因为系统原因或者直接切断电源导致没有执行正常的关机操作。又如，如果用户在日志中发现编号 1007 的事件，说明该机器无法从 DHCP 服务器获得信息和 IP 地址，此时要查看是该机器网络故障还是 DHCP 服务器问题（图 2.8）。

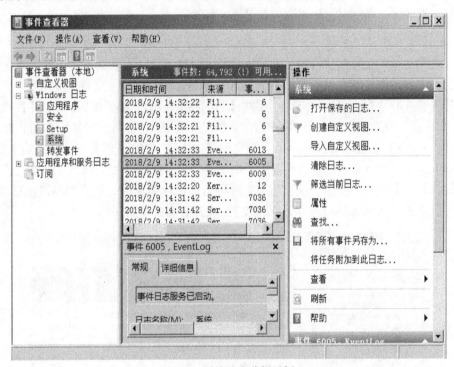

图 2.8　系统日志分析示例

## 2.1.6　实验总结

Windows 系统是使用最普遍的操作系统之一，其安全加固是网络安全实验中最基本也是相对较简单的实验，但其重要性不言而喻。由于涉及的方面较多，设置选项分布较分散，因而本实验过程仅做部分功能的基本演示，旨在引导学生在平时学习中慢慢积累和总结相关经验，不仅仅局限于有限的上机时段，课内及课外均可尝试各类安全选项的优化，并根据不同的安全应用及安全需求进行相关设置。需要指出的是，不同版本的 Windows，其选项可能会有所差异。

## 2.2 Linux 系统安全加固

### 2.2.1 实验目的

系统在初始状态下，其各种设置都处于默认状态，有着各种各样的安全风险，因此就需要更新系统的各种设置，制定一系列策略来保证系统尽可能的安全。Linux 作为一个开源系统，在开发者和极客中十分受欢迎，有着不小数量的使用人群，许多服务器上也搭载着 Linux。本实验研究 Linux 系统平台下的安全加固方案，主要从系统设置和策略制定方面对系统平台进行安全加固。

### 2.2.2 实验原理和基础

本实验探究 Linux 系统平台的安全加固，并在 CentOS7（Community Enterprise Operating System）下进行相关操作，所涉及的安全加固操作主要是重新配置系统中有安全风险的设置，同时制定更加严格的系统策略。实验需要熟悉 Linux 的各种操作，要大量使用一些基本的 Linux 指令，还有一些属于 CentOS 的指令。同时实验部署了 AIDE（Advanced Intrusion Detection Environment，高级入侵检测环境），用来检测系统重要文件的完整性，为系统提供简单的入侵检测功能，使用 AIDE 时需要用到 AIDE 的相关指令。

实验在 CentOS7 下用到的指令如表 2.1 所示。

表 2.1 CentOS7 指令表

| 指令 | 用途 |
| --- | --- |
| adduser | 添加用户 |
| aide | aide 操作指令 |
| aureport | 查看审计报告指令 |
| awk | 文本分析工具，分析文本并格式化输出 |
| cat | 输出文件内容到控制台或其他文件 |
| chmod | 修改文件权限 |
| chown | 修改文件所有者 |
| cp | 复制文件 |
| echo | 输出字符串到控制台或文件 |
| firewall-cmd | CentOS7 下防火墙的操作指令 |
| groupdel | 删除用户组 |
| ls | 显示目标列表 |
| mv | 移动文件 |
| passwd | 密码管理指令 |

续表

| 指令 | 用途 |
| --- | --- |
| rm | 删除文件 |
| source | 使 shell 读入指定的程序文件并依次执行文件中的所有语句 |
| systemctl | CentOS7 下对系统服务的操作要用到此指令 |
| userdel | 删除用户 |
| vi | 编辑文件 |

  本实验在 Linux 系统平台下讨论系统平台安全加固，所用的 Linux 发行版本为 CentOS7。CentOS 是一个基于 Red Hat Linux 提供的可自由使用源代码的企业级 Linux 发行版本，每个版本的 CentOS 都会获得十年的支持（通过安全更新方式）。新版本的 CentOS 大约每两年发行一次，而每个版本的 CentOS 会定期（大概每六个月）更新一次，以便支持新的硬件，这样，可以建立一个安全、低维护、稳定、高预测性、高重复性的 Linux 环境。CentOS 是 RHEL（Red Hat Enterprise Linux）源代码再编译的产物，而且在 RHEL 的基础上修正了不少已知的 bug，相对于其他 Linux 发行版，其稳定性值得信赖。

  实验需要部署 AIDE，AIDE 是入侵检测工具，主要用途是检查文档的完整性。

  AIDE 能够构造一个指定文档的数据库，它使用"aide.conf"作为其配置文档。AIDE 数据库能够保存文档的各种属性，包括权限（permission）、索引节点序号（inode number）、所属用户（user）、所属用户组（group）、文档大小、最后修改时间（mtime）、创建时间（ctime）、最后访问时间（atime）、增加的大小连同连接数。AIDE 还能够使用算法 sha1、md5、rmd160、tiger，以密文形式建立每个文档的校验码或散列号。

  使用 AIDE 提供的检查指令可以从所监控的文件中找到所有被修改过的项目，输出文件原本的各项属性和现在的属性，让管理员可以很清楚地了解系统重要文件的状态，及时得知是否有文件被非法使用了。

  在 AIDE 的目录 "/var/lib/aide"下，会生成两个数据库文件"aide.db.gz"和"aide.db.new.gz"。当前 AIDE 所使用的数据库为"aide.db.gz"，AIDE 将以存放在这个数据库中的数据作为基础数据，来比较系统文件，寻找出被修改的文件。而数据库的所有更新和初始化操作，都会生成新的数据库并存放在数据库文件"aide.db.new.gz"中。因此，要应用数据库的初始化和更新，一般还需要将数据库文件"aide.db. new.gz"更名为"aide.db.gz"，并替换掉它。

### 2.2.3 实验环境

  本实验使用 VMware 虚拟机软件搭载 CentOS Linux release 7.3.1611 版本系统。

### 2.2.4 实验要求

  实验不同阶段的要求如下：

1）用户账号和环境配置阶段

要求在系统中没有多余的特殊用户，可以通过查看"/etc/passwd"和"/etc/group"文件检查结果。要求所有用户的口令都不能为空，而且需要达到最小的口令长度。同时，要求只有 root 用户拥有超级用户权限，而其他任何用户都不能有这种等级的权限，即只有 root 用户的 UID 为 0，可以通过查看"/etc/passwd"文件来检查结果。这一阶段需要设置用户的自动注销时间，如果在这一段时间内用户没有任何操作，那么自动注销用户，以命令行模式启动系统的情况下，闲置用户一段时间，查看是否退出了。要求控制台保留命令条数限制的设置能够生效，在命令行下按键盘上的向上箭头最多只能显示指定数目的历史命令。

2）系统访问认证和授权阶段

用户在控制台登录系统时能够看到警告的提示信息，用来威慑攻击者，在命令行模式下启动系统可以看到相应的提示信息。同时，要求只能在限制的几个终端上才能登录 root 用户。

3）开启防火墙策略阶段

只要成功开启防火墙即可。

4）启用系统审计服务阶段

要求审计规则设置成功，并且能够获取相应的审计报告。

5）部署完整性检查工具软件阶段

要求成功部署 AIDE，并且执行相应的检测规则，通过相应的测试。测试环节会在监控目录下创建文件和修改文件，并测试这些修改对 AIDE 检查结果的影响，要求能够检测出来所监控文件的各种修改。

## 2.2.5 实验内容和步骤

在使用一个新系统时，系统的设置都是默认的，如果不对这些默认的设置加以更改，就会让攻击者有机可乘。因此，设置好系统各个部分的配置，对于系统加固来说也是极为重要的。

**1. 用户账号和环境配置**

1）清除特殊账户

使用"userdel [option] user"指令清除系统中的 operator、lp、shutdown、halt 和 gopher 账号。使用"groupdel [option] group"指令清除 uucp、games 和 dip 用户组。使用"cat /etc/passwd"指令查看系统中的所有用户，图 2.9 所示是删除用户之前系统中的用户，横线标识处是需要删除的用户。可以使用"cat /etc/group"指令查看系统中所有的用户组。

```
[root@localhost ~]# cat /etc/passwd
root:x:0:0:root:/root:/bin/bash
bin:x:1:1:bin:/bin:/sbin/nologin
daemon:x:2:2:daemon:/sbin:/sbin/nologin
adm:x:3:4:adm:/var/adm:/sbin/nologin
lp:x:4:7:lp:/var/spool/lpd:/sbin/nologin
sync:x:5:0:sync:/sbin:/bin/sync
shutdown:x:6:0:shutdown:/sbin:/sbin/shutdown
halt:x:7:0:halt:/sbin:/sbin/halt
mail:x:8:12:mail:/var/spool/mail:/sbin/nologin
operator:x:11:0:operator:/root:/sbin/nologin
games:x:12:100:games:/usr/games:/sbin/nologin
ftp:x:14:50:FTP User:/var/ftp:/sbin/nologin
nobody:x:99:99:Nobody:/:/sbin/nologin
systemd-bus-proxy:x:999:998:systemd Bus Proxy:/:/sbin/nologin
systemd-network:x:192:192:systemd Network Management:/:/sbin/nologin
dbus:x:81:81:System message bus:/:/sbin/nologin
polkitd:x:998:997:User for polkitd:/:/sbin/nologin
abrt:x:173:173::/etc/abrt:/sbin/nologin
unbound:x:997:995:Unbound DNS resolver:/etc/unbound:/sbin/nologin
tss:x:59:59:Account used by the trousers package to sandbox the tcsd daemon:/dev/null:/sbin/nologin
libstoragemgmt:x:996:994:daemon account for libstoragemgmt:/var/run/lsm:/sbin/nologin
rpc:x:32:32:Rpcbind Daemon:/var/lib/rpcbind:/sbin/nologin
colord:x:995:993:User for colord:/var/lib/colord:/sbin/nologin
usbmuxd:x:113:113:usbmuxd user:/:/sbin/nologin
saslauth:x:994:76:Saslauthd user:/run/saslauthd:/sbin/nologin
geoclue:x:993:991:User for geoclue:/var/lib/geoclue:/sbin/nologin
rtkit:x:172:172:RealtimeKit:/proc:/sbin/nologin
rpcuser:x:29:29:RPC Service User:/var/lib/nfs:/sbin/nologin
nfsnobody:x:65534:65534:Anonymous NFS User:/var/lib/nfs:/sbin/nologin
radvd:x:75:75:radvd user:/:/sbin/nologin
qemu:x:107:107:qemu user:/:/sbin/nologin
ntp:x:38:38::/etc/ntp:/sbin/nologin
chrony:x:992:989::/var/lib/chrony:/sbin/nologin
setroubleshoot:x:991:988::/var/lib/setroubleshoot:/sbin/nologin
sssd:x:990:987:User for sssd:/:/sbin/nologin
pulse:x:171:171:PulseAudio System Daemon:/var/run/pulse:/sbin/nologin
gdm:x:42:42::/var/lib/gdm:/sbin/nologin
gnome-initial-setup:x:989:984::/run/gnome-initial-setup/:/sbin/nologin
sshd:x:74:74:Privilege-separated SSH:/var/empty/sshd:/sbin/nologin
avahi:x:70:70:Avahi mDNS/DNS-SD Stack:/var/run/avahi-daemon:/sbin/nologin
postfix:x:89:89::/var/spool/postfix:/sbin/nologin
            [root@localhost ~]# userdel operator
            [root@localhost ~]# userdel lp
            [root@localhost ~]# userdel shutdown
            [root@localhost ~]# userdel halt
            [root@localhost ~]# man groupdel
            [root@localhost ~]# groupdel games
            [root@localhost ~]# groupdel dip
```

图 2.9 使用指令删除特殊账户

2）检查是否有用户的口令为空。

使用 "awk –F:' ($2 == " ") {print $1}' /etc/shadow" 指令可以查看系统用户中口令为空的用户，对这些用户应该给他们设置安全密码。此指令的原理是读取 "/etc/shadow" 文件，判断第二项是不是空，并输出第一项，即用户名。通过使用 "cat /etc/shadow" 指令可以看到并没有口令为空的用户（图 2.10）。

```
[root@localhost home]# cat /etc/shadow
root:$6$MTiHouT29XgI6Gq0$5kiEzvkq2Ud8ccR1BS2lnoTFi2UDPTqhLYJ5dLgmzcoUmWVSmyo7kzCU0hy29XDDKXAkInBrWxBru2op0BXE00::0:99999:7:::
bin:*:17110:0:99999:7:::
daemon:*:17110:0:99999:7:::
adm:*:17110:0:99999:7:::
sync:*:17110:0:99999:7:::
mail:*:17110:0:99999:7:::
ftp:*:17110:0:99999:7:::
nobody:*:17110:0:99999:7:::
systemd-bus-proxy:!!:17289::::::
systemd-network:!!:17289::::::
dbus:!!:17289::::::
polkitd:!!:17289::::::
abrt:!!:17289::::::
unbound:!!:17289::::::
tss:!!:17289::::::
libstoragemgmt:!!:17289::::::
rpc:!!:17289:0:99999:7:::
colord:!!:17289::::::
usbmuxd:!!:17289::::::
saslauth:!!:17289::::::
geoclue:!!:17289::::::
rtkit:!!:17289::::::
rpcuser:!!:17289::::::
nfsnobody:!!:17289::::::
radvd:!!:17289::::::
qemu:!!:17289::::::
ntp:!!:17289::::::
chrony:!!:17289::::::
setroubleshoot:!!:17289::::::
sssd:!!:17289::::::
pulse:!!:17289::::::
gdm:!!:17289::::::
gnome-initial-setup:!!:17289::::::
sshd:!!:17289::::::
avahi:!!:17289::::::
postfix:!!:17289::::::
tcpdump:!!:17289::::::
```

图 2.10　查看"/etc/shadow"文件

在图 2.10 中，第三行为 root 用户信息的第二项信息的后半部分，而不是第二个用户的开始。图中第二项存放的是加密后的用户口令，显示为"*"或"!!"，代表不能登录。因此，使用"awk –F:'（$2==""）{print $1}' /etc/shadow"时不会有输出（图 2.11）。

```
[root@localhost home]# awk -F: '($2 == ""){print $1}' /etc/shadow
[root@localhost home]#
```

图 2.11　查看口令为空的用户

此时可以添加一个用户测试一下此指令的效果，使用"adduser test"指令新建一个名为"test"的用户，然后使用"passwd test"指令给"test"用户设置一个口令，再用"passwd –d test"指令删除"test"用户的口令（图 2.12）。

```
[root@localhost home]# adduser test
[root@localhost home]# passwd test
更改用户 test 的密码 。
新的 密码：
无效的密码： 密码包含用户名在某些地方
重新输入新的 密码：
passwd：所有的身份验证令牌已经成功更新。
[root@localhost home]# passwd -d test
清除用户的密码 test。
passwd: 操作成功
[root@localhost home]#
```

图 2.12　新建用户并清除口令

可以使用"cat /etc/shadow"指令查看清除口令后的"test"用户（图2.13）。

```
test::17347:0:99999:7:::
[root@localhost home]#
```

图2.13 清除口令后的"test"用户

可以看到"test"用户的第二项为空，在前一步中，如果没有给用户添加口令后再清除，这里的第二项将会显示"!!"，那么此用户无法登录。

此时可以再使用"awk -F:'（\$2 == " "）{print \$1}' /etc/shadow"指令检查口令为空的用户（图2.14）。

```
[root@localhost home]# awk -F: '($2 == ""){print $1}' /etc/shadow
test
[root@localhost home]#
```

图2.14 添加用户后再检查口令为空的用户

3）检查除了root用户外是否还有其他用户的UID为0

用户的UID为0代表此用户在系统中拥有超级用户权限，因此，应该只让root用户的UID为0。使用"awk -F:'（\$3 == 0）{print \$1}'/etc/passwd"指令可以查看UID为0的用户，原理与检查空口令用户一样，只不过查看的文件是"/etc/passwd"（图2.15）。

```
[root@localhost home]# awk -F: '($3 == 0){print $1}' /etc/passwd
root
[root@localhost home]#
```

图2.15 检查UID为0的用户

从图2.15中可以看到，拥有超级用户权限的用户就只有root用户一个。

4）设置最小的口令长度

Linux默认的用户最小口令长度为5位，但是5位的口令强度太弱，因此，需要修改系统口令策略，将最小口令长度设置成10。

可以先使用"cat /etc/login.defs"指令查看系统登录策略文件"/etc/login.defs"，之后直接使用"vi /etc/login.defs"来修改"PASS_MIN_LEN"位置的值（图2.16、2.17）。

```
# Password aging controls:
#
#       PASS_MAX_DAYS   Maximum number of days a password may be used.
#       PASS_MIN_DAYS   Minimum number of days allowed between password changes.
#       PASS_MIN_LEN    Minimum acceptable password length.
#       PASS_WARN_AGE   Number of days warning given before a password expires.
#
PASS_MAX_DAYS   99999
PASS_MIN_DAYS   0
PASS_MIN_LEN    5
PASS_WARN_AGE   7
```

图2.16 查看策略文件、口令策略

```
# Password aging controls:
#
#       PASS_MAX_DAYS   Maximum number of days a password may be used.
#       PASS_MIN_DAYS   Minimum number of days allowed between password changes.
#       PASS_MIN_LEN    Minimum acceptable password length.
#       PASS_WARN_AGE   Number of days warning given before a password expires.
#
PASS_MAX_DAYS   99999
PASS_MIN_DAYS   0
PASS_MIN_LEN    10
PASS_WARN_AGE   7
```

图 2.17 使用 vi 指令修改文件并保存

5）设置用户的自动注销时间

Linux 系统支持多用户，在使用其他用户时，如果后台有长时间未使用的用户，会浪费系统资源，同时后台的用户也有可能被攻击者攻击。修改"/etc/profile"文件，增加"TMOUT"项，将此项设置为 600，即 600 秒后若用户无操作就会自动注销。使用"vi /etc/profile"指令修改"profile"文件，在文件的最后一行添加"export TMOUT = 600"即可。然后可以再添加一段指令"readonly TMOUT"，让用户无法在 shell 下修改"TMOUT"，必须先在"profile"文件中注释掉这个指令后才能更改（图 2.18）。

```
# Set timeout user logout
export TMOUT = 600
readonly TMOUT
-- INSERT --
```

图 2.18 在"/etc/profile"文件末尾添加指令

修改完成后，输入指令"source /etc/profile"后修改就生效了。

6）设置 Bash 保留历史命令的条数

在控制台中，按向上箭头可以不断调出自己过去执行过的指令。同样地，如果让攻击者得到用户所执行过的历史命令的话，就可以还原出用户所做的所有操作，因此，需要设置其保留的历史命令条数。同样是修改"/etc/profile"文件，将文件中的"HISTSIZE=1000"项改为"HISTSIZE=1"，则每次最多只能查看上一次执行过的指令（图 2.19、2.20）。

```
HOSTNAME=`/usr/bin/hostname 2>/dev/null`
HISTSIZE=1000
if [ "$HISTCONTROL" = "ignorespace" ] ; then
    export HISTCONTROL=ignoreboth
else
    export HISTCONTROL=ignoredups
fi
```

图 2.19 修改 HISTSIZE 项前

```
HOSTNAME=`/usr/bin/hostname 2>/dev/null`
HISTSIZE=1
if [ "$HISTCONTROL" = "ignorespace" ] ; then
    export HISTCONTROL=ignoreboth
else
    export HISTCONTROL=ignoredups
fi
```

图 2.20　修改 HISTSIZE 项后

修改完成后输入指令"source /etc/profile",修改生效,于是按向上箭头只能查看上一个执行的指令。

7）防止 IP spoof

不允许服务器对 IP 地址进行欺骗。修改"/etc/host.conf"文件,在文件中添加"nospoof on"。使用指令"echo "nospoof on">> /etc/host.conf"来向 host.conf 文件的末尾添加"nospoof on"（图 2.21）。

```
[root@localhost ~]# cat /etc/host.conf
multi on
[root@localhost ~]# man echo
[root@localhost ~]# echo "nospoof on" >> /etc/host.conf
[root@localhost ~]# cat /etc/host.conf
multi on
nospoof on
[root@localhost ~]#
```

图 2.21　插入命令执行结果

**2. 系统访问认证和授权**

1）限制 at/cron 只给授权的用户使用

在 UNIX 中,"cron.allow"和"at.allow"文件列出了所有允许使用"crontab"和"at"命令的用户名单,而"cron.deny"和"at.deny"文件列出来不允许使用"crontab"和"at"命令的用户名单。在多数系统上,通常只有系统管理员才需要运行这些命令。Linux 中也有相应的功能,但是在 Linux 中,默认只有"cron.deny"和"at.deny"文件而没有"cron.allow"和"at.allow"文件,且"cron.deny"和"at.deny"文件内容为空,这意味着所有用户都可以使用"crontab"和"at"命令。因此,应该删除"cron.deny"和"at.deny"文件,然后创建"cron.allow"和"at.allow"文件,并将信任的用户添加进去,这样就只有被允许的用户才能使用这两个指令。最后设置文件权限,目前只用添加 root 用户,按照顺序执行下列语句（图 2.22）：

```
cd /etc
rm -f cron.deny at.deny
echo root > cron.allow
echo root > at.allow
chown root:root cron.allow at.allow
chmod 400 cron.allow at.allow
```

```
[root@localhost /]# cd /etc
[root@localhost etc]# rm -f cron.deny at.deny
[root@localhost etc]# echo root > cron.allow
[root@localhost etc]# echo root > at.allow
[root@localhost etc]# chown root:root cron.allow at.allow
[root@localhost etc]# chmod 400 cron.allow at.allow
[root@localhost etc]# cat cron.allow
root
[root@localhost etc]# cat at.allow
root
[root@localhost etc]# ls -l cron.allow
-r--------. 1 root root 5 7月  1 14:13 cron.allow
[root@localhost etc]# ls -l at.allow
-r--------. 1 root root 5 7月  1 14:13 at.allow
[root@localhost etc]#
```

图 2.22　限制 at/cron 只给授权的用户使用并查看结果

2）建立恰当的警告

在"/etc/motd""/etc/issue"和"/etc/issue.net"中加入警告信息，这样在每次用户登录或者攻击者采集信息时，警告信息就会出现在对方的控制台。

事先将警告信息写到一个文件里，然后查看各文件的内容（图 2.23）。

```
[root@localhost /]# cat /home/message.txt
***Warning***
Authorised access only
Disconnect IMMEDIATELY if you are not an authorized user!
Your IP has been IDS records. Don't damage any files!
[root@localhost /]# cat /etc/motd
[root@localhost /]# cat /etc/issue
\S
Kernel \r on an \m

[root@localhost /]# cat /etc/issue.net
\S
Kernel \r on an \m
```

图 2.23　查看各文件内容

再使用"cat filename >> filename"指令将警告信息文件内容添加到目标文件的结尾（图 2.24）。

```
[root@localhost /]# cat /home/message.txt > /etc/motd
[root@localhost /]# cat /etc/motd
***Warning***
Authorised access only
Disconnect IMMEDIATELY if you are not an authorized user!
Your IP has been IDS records. Don't damage any files!
[root@localhost /]# cat /home/message.txt >> /etc/issue
[root@localhost /]# cat /etc/issue
\S
Kernel \r on an \m

***Warning***
Authorised access only
Disconnect IMMEDIATELY if you are not an authorized user!
Your IP has been IDS records. Don't damage any files!
[root@localhost /]# cat /home/message.txt >> /etc/issue.net
[root@localhost /]# cat /etc/issue.net
\S
Kernel \r on an \m
***Warning***
Authorised access only
Disconnect IMMEDIATELY if you are not an authorized user!
Your IP has been IDS records. Don't damage any files!
[root@localhost /]#
```

图 2.24　添加警告信息后各文件内容

使用"systemctl set-default multi-user.target"指令使 CentOS7 以命令行模式启动，重启系统，进入命令行模式，于是就可以看到相应的提示信息（图 2.25）。

```
CentOS Linux 7 (Core)
Kernel 3.10.0-514.el7.x86_64 on an x86_64

***Warning***
Authorised access only
Disconnect IMMEDIATELY if you are not an authorized user!
Your IP has been IDS records. Don't damage any files!
localhost login:
```

图 2.25　命令行模式下的提示信息

3）限制能够登录 root 用户的系统控制台

通常应该以普通用户身份访问系统，然后通过其他授权机制（"su"命令和"sudo"）来获得更高权限，这样做至少可以对登录事件进行跟踪（图 2.26）。

```
[root@localhost /]# cat <<END_FILE>/etc/securetty
> tty1
> tty2
> tty3
> tty4
> tty5
> tty6
> END_FILE
[root@localhost /]# cat /etc/securetty
tty1
tty2
tty3
tty4
tty5
tty6
[root@localhost /]# ls -l /etc/securetty
-rw-------. 1 root root 30 7月  1 15:39 /etc/securetty
[root@localhost /]# chmod 400 /etc/securetty
[root@localhost /]# ls -l /etc/securetty
-r--------. 1 root root 30 7月  1 15:39 /etc/securetty
```

图 2.26　限制 root 登录到系统控制台

## 3. 开启防火墙策略

使用"systemctl start firewalld.service"指令打开防火墙（图 2.27）。

```
[root@localhost /]# systemctl start firewalld.service
[root@localhost /]# firewall-cmd --state
running
[root@localhost /]#
```

图 2.27　开启防火墙

使用"firewall-cmd --state"指令查看防火墙运行状态。

## 4. 启用系统审计服务

使用"cat /etc/audit/audit.rules"指令可以查看启动的审计服务的策略（图 2.28）。

```
[root@localhost /]# cat /etc/audit/audit.rules
## This file is automatically generated from /etc/audit/rules.d
```

图 2.28　查看审计服务

可以看到文件里并没有提供规则，所以这里要添加一系列规则。

新建一个"/home/auditrules.txt"文件，在其中写入审计规则，相应的文件在电子档包里，然后执行"cat /home/auditrules.txt >> /etc/audit/audit.rules"指令将规则写进去，最后执行"service auditd restart"重启 audit 服务（图 2.29）。

```
[root@localhost ~]# cat /home/auditrules.txt >> /etc/audit/audit.rules
[root@localhost ~]# service auditd restart
Stopping logging:                                      [  确定  ]
Redirecting start to /bin/systemctl start auditd.service
[root@localhost ~]#
```

图 2.29　写入规则并重启审计

完成以上步骤之后可以通过"aureport [options]"命令查看审计报告。可以使用不同指令查看各种不同的审计报告，其中的部分报告内容如图 2.30 所示。

```
[root@localhost /]# aureport

Summary Report
======================
Range of time in logs: 2017年05月04日 00:31:19.619 - 2017年07月01日 16:46:11.136
Selected time for report: 2017年05月04日 00:31:19 - 2017年07月01日 16:46:11.136
Number of changes in configuration: 590
Number of changes to accounts, groups, or roles: 201
Number of logins: 24
Number of failed logins: 2
Number of authentications: 122
Number of failed authentications: 2
Number of users: 6
Number of terminals: 14
Number of host names: 1
Number of executables: 22
Number of commands: 18
Number of files: 8
Number of AVC's: 33
Number of MAC events: 90
Number of failed syscalls: 33
Number of anomaly events: 11
Number of responses to anomaly events: 0
Number of crypto events: 15
Number of integrity events: 0
Number of virt events: 0
Number of keys: 0
Number of process IDs: 783
Number of events: 4095

[root@localhost /]#

Authentication Report
============================================
# date time acct host term exe success event
============================================
1. 2017年05月04日 00:32:00 gdm ? ? /usr/libexec/gdm-session-worker yes 121
2. 2017年05月04日 00:38:58 a ? ? /usr/libexec/gdm-session-worker yes 144
3. 2017年05月04日 00:39:51 root ? pts/0 /usr/bin/su yes 163
4. 2017年05月04日 01:03:35 a ? ? /usr/libexec/gdm-session-worker yes 204
5. 2017年05月04日 01:20:23 a ? ? /usr/libexec/gdm-session-worker no 226
6. 2017年05月04日 01:20:28 a ? ? /usr/libexec/gdm-session-worker yes 228
7. 2017年05月04日 01:34:09 root ? pts/0 /usr/bin/su yes 245
8. 2017年05月04日 01:50:23 b ? pts/0 /usr/bin/su yes 269
9. 2017年05月04日 01:51:12 root ? pts/0 /usr/bin/su yes 274
10. 2017年05月04日 01:51:26 b ? pts/0 /usr/bin/su yes 278
11. 2017年05月04日 01:52:42 root ? pts/0 /usr/bin/su yes 284
12. 2017年05月04日 01:54:32 b ? pts/0 /usr/bin/su yes 289
13. 2017年05月04日 01:55:05 root ? pts/0 /usr/bin/su yes 294
14. 2017年05月04日 02:01:30 root ? pts/0 /usr/bin/su yes 313
15. 2017年05月04日 02:09:57 b ? pts/0 /usr/bin/su yes 317
16. 2017年05月04日 02:10:10 root ? pts/0 /usr/bin/su yes 329
17. 2017年05月04日 02:33:42 root ? pts/0 /usr/bin/su yes 358
18. 2017年05月04日 02:33:44 a ? pts/0 /usr/bin/su yes 362
19. 2017年05月04日 02:33:48 root ? pts/0 /usr/bin/su yes 366
20. 2017年05月04日 02:33:55 root ? pts/0 /usr/bin/su yes 372
21. 2017年05月04日 02:34:11 b ? pts/0 /usr/bin/su yes 378
22. 2017年05月04日 02:35:18 test ? pts/0 /usr/bin/su yes 390
23. 2017年05月04日 02:35:28 root ? pts/0 /usr/bin/su yes 395
24. 2017年05月04日 02:38:05 test ? pts/0 /usr/bin/su yes 405
```

图 2.30　审计信息统计图

## 5. 部署完整性检查工具软件

使用"yum - y install aide"指令在联网的状态下下载并安装 AIDE（图 2.31）。

```
[root@localhost ~]# yum -y install aide
已加载插件：fastestmirror, langpacks
base                                                    | 3.6 kB  00:00:00
extras                                                  | 3.4 kB  00:00:00
updates                                                 | 3.4 kB  00:00:00
Loading mirror speeds from cached hostfile
 * base: ftp.sjtu.edu.cn
 * extras: centos.ustc.edu.cn
 * updates: ftp.sjtu.edu.cn
正在解决依赖关系
--> 正在检查事务
---> 软件包 aide.x86_64.0.0.15.1-11.el7 将被 安装
--> 解决依赖关系完成

依赖关系解决

================================================================================
 Package       架构          版本                    源         大小
================================================================================
正在安装:
 aide          x86_64        0.15.1-11.el7           base       130 k

事务概要
================================================================================
安装   1 软件包

总下载量：130 k
安装大小：307 k
Downloading packages:
aide-0.15.1-11.el7.x86_64.rpm                           | 130 kB  00:00:00
Running transaction check
Running transaction test
Transaction test succeeded
Running transaction
  正在安装    : aide-0.15.1-11.el7.x86_64                              1/1
  验证中      : aide-0.15.1-11.el7.x86_64                              1/1

已安装:
  aide.x86_64 0:0.15.1-11.el7

完毕！
```

图 2.31　安装 AIDE

将原来的"/etc/aide.conf"文件备份，并将创建的配置文件"aide.conf"复制到"/etc"目录下（图 2.32）。

```
[root@localhost ~]# mv /etc/aide.conf /etc/aide.conf.bak
[root@localhost ~]#
```

图 2.32　备份"aide.conf"文件

初始化监控数据库，这一步需要消耗一些时间，因为创建的配置文件中监控了 CentOS 下几乎所有的重要文件，数目很大（图 2.33）。

```
[root@localhost ~]# aide -c /etc/aide.conf --init

AIDE, version 0.15.1

### AIDE database at /var/lib/aide/aide.db.new.gz initialized.
```

图 2.33　初始化 AIDE 数据库

初始化后的数据库并不是所用的初始数据库，接下来要将其设置为初始的基础数据库。使用"cp /var/lib/aide/aide.db.new.gz /var/lib/aide/aide.db.gz"指令将初始化的数据库更改成基础数据库，然后使用"aide --update"指令更新数据库（图 2.34）。

```
[root@localhost ~]# aide --update
AIDE 0.15.1 found differences between database and filesystem!!
Start timestamp: 2017-07-01 23:44:02

Summary:
  Total number of files:    34233
  Added files:              1
  Removed files:            1
  Changed files:            6


---------------------------------------------------
Added files:
---------------------------------------------------

added: /root/.local/share/gvfs-metadata/root-81a89ee1.log

---------------------------------------------------
Removed files:
---------------------------------------------------

removed: /root/.local/share/gvfs-metadata/root-c2adcebf.log

---------------------------------------------------
Changed files:
---------------------------------------------------

changed: /opt/nessus/var/nessus
changed: /opt/nessus/var/nessus/global.db
changed: /opt/nessus/var/nessus/global.db-shm
changed: /opt/nessus/var/nessus/global.db-wal
changed: /root/.local/share/gnome-shell/application_state
changed: /root/.local/share/gvfs-metadata/root

---------------------------------------------------
Detailed information about changes:
---------------------------------------------------


Directory: /opt/nessus/var/nessus
  Mtime    : 2017-07-01 23:40:27             , 2017-07-01 23:43:27
  Ctime    : 2017-07-01 23:40:27             , 2017-07-01 23:43:27

File: /opt/nessus/var/nessus/global.db
  Mtime    : 2017-07-01 23:40:27             , 2017-07-01 23:43:27
  Ctime    : 2017-07-01 23:40:27             , 2017-07-01 23:43:27
  MD5      : p0fRD1xTNl6UB0er4Q0RUA==        , CYuRNgsu5T34fYNux8vAxQ==
  RMD160   : i6gtt8K6kwknVsYo2OZv+tCegS8=    , 0/EwRxFti36c6sK3e+34UXN4Bfg=
  SHA256   : 45vYemzvitAUiHY1x79g0bNrFO3pnmsf, OwwP4hX1QT4FqCHdgao/JcsV2eivogWl

File: /opt/nessus/var/nessus/global.db-shm
  Mtime    : 2017-07-01 23:40:27             , 2017-07-01 23:43:27
  Ctime    : 2017-07-01 23:40:27             , 2017-07-01 23:43:27
  MD5      : VwdqfRUfe4BGxjp7l6qomw==        , ACQKb3OvVHJztlnoykcYFQ==
  RMD160   : sqTwNpDAvDsA3UyGhTEil3aSwP8=    , g1+xno8+rkk57u5uy3PURCIaIVs=
  SHA256   : l75VbYox312Zc5mDKwMTUY6HSHaZbrQd, DrlQ2cZaQTwfo/D8P+TAbPxsBDCgEYbJ

File: /opt/nessus/var/nessus/global.db-wal
  Mtime    : 2017-07-01 23:40:27             , 2017-07-01 23:43:27
  Ctime    : 2017-07-01 23:40:27             , 2017-07-01 23:43:27
  MD5      : C3udSmsIOJOP3pYVNdyH3g==        , PbCaGzQ0ITu/u4uQbILqzg==
  RMD160   : np28qa+FyHz9bNc2E7ZUgpg39ek=    , uCgUxWC1lUp5q2UHOhCHUB0nawQ=
  SHA256   : Wb8YVmZIVUtHMwpusr1A1v+/nMrmgohh, Mb4LZHolbe+SC22hFbL/raDv9QgrMsrn

File: /root/.local/share/gnome-shell/application_state
  Inode    : 52070796                        , 52070794

File: /root/.local/share/gvfs-metadata/root
  Inode    : 34700324                        , 34700328
[root@localhost ~]#
```

图 2.34 更新数据库

"aide --update"指令相当于先执行了"aide --check"指令,再更新数据库,将所有改变了的项先输出出来。更新数据库会更新到"/var/lib/aide/aide.db.new.gz"中,而 AIDE 用来对比的数据库是"/var/lib/aide/aide.db.gz",因此,接下来使用指令"mv aide.db.new.gz aide.db.gz"将旧的数据库替换掉,再使用"aide --check"指令查看系统文件的完整性(图 2.35)。

```
[root@localhost ~]# cd /var/lib/aide
[root@localhost aide]# mv aide.db.new.gz aide.db.gz
mv:是否覆盖"aide.db.gz"? y
```

图 2.35 覆盖旧的数据库

当没有文件被修改时,输出如图 2.36 所示。

```
[root@localhost aide]# aide --check
AIDE, version 0.15.1
### All files match AIDE database. Looks okay!
```

图 2.36 检查系统文件完整性

这里可以做一个测试,在"/root"目录下新建一个"test.txt"文档,接下来检查系统文件的完整性。操作过程如图 2.37、2.38 所示。

```
[root@localhost ~]# echo "hello! " >> /root/test.txt
[root@localhost ~]# cat /root/test.txt
hello!
```

图 2.37 新建文件

```
[root@localhost ~]# aide --check
AIDE 0.15.1 found differences between database and filesystem!!
Start timestamp: 2017-07-02 00:50:01

Summary:
  Total number of files:    34131
  Added files:              1
  Removed files:            0
  Changed files:            2

---------------------------------------------------
Added files:
---------------------------------------------------

added: /root/test.txt

---------------------------------------------------
Changed files:
---------------------------------------------------

changed: /root
changed: /root/.local/share/gnome-shell/application_state

---------------------------------------------------
Detailed information about changes:
---------------------------------------------------

Directory: /root
  Mtime    : 2017-07-02 00:16:16            , 2017-07-02 00:49:41
  Ctime    : 2017-07-02 00:16:16            , 2017-07-02 00:49:41

File: /root/.local/share/gnome-shell/application_state
  Inode    : 52070795                       , 52070796
```

图 2.38 检查完整性

可以看到提示有一个文件添加了，两个文件被更改。其中添加的文件就是"test.txt"；而其中一个被修改的文件是"/root"，因为"test.txt"文件是被创建在"/root"目录下的，所以它的更改被检测出来了，同时相应的修改时间也被显示出来；而另一个更改的文件是和图形界面相关的文件，新的文件涉及图形界面的显示，因此文件也被修改并检测出来了。

接下来更新一下数据库，修改"test.txt"文件的内容，检测完整性，并查看结果（图 2.39、图 2.40）。

```
[root@localhost ~]# echo "world" >> /root/test.txt
[root@localhost ~]# cat /root/test.txt
hello!
world
```

图 2.39 在"test.txt"中添加文本

```
[root@localhost aide]# aide --check
AIDE 0.15.1 found differences between database and filesystem!!
Start timestamp: 2017-07-02 00:57:52

Summary:
  Total number of files:    34131
  Added files:              0
  Removed files:            0
  Changed files:            2

---------------------------------------------------
Changed files:
---------------------------------------------------

changed: /root/.local/share/gnome-shell/application_state
changed: /root/test.txt

---------------------------------------------------
Detailed information about changes:
---------------------------------------------------

File: /root/.local/share/gnome-shell/application_state
  Inode    : 52070796                        , 52070795

File: /root/test.txt
  Size     : 8                               , 14
  Mtime    : 2017-07-02 00:49:41             , 2017-07-02 00:57:35
  Ctime    : 2017-07-02 00:49:41             , 2017-07-02 00:57:35
  MD5      : t/OepIdeNBhCXxxvWHpWRw==        , ou7sWBsMGzZOxDvEA1cB2A==
  RMD160   : c/7fjprbmF9uOZ/x3eLrnNAksW4=    , iP0ezz0ccuZ9CqB0ecm1pCAC9jg=
  SHA256   : lGvA5dlhkFwHNkLLOqLZCGryCQQDb030, pKnXVN/ZwDVuNH6UP6O0ubUMWimqUQEK
```

图 2.40 检测完整结果

上面的结果反应两个文件有改动，一个是图形界面相关文件，另一个是"test.txt"文件，并且输出了相应的更新时间、修改时间以及 MD5、RMD160 和 SHA256 值的变化。

测试中可以看出，AIDE 的功能十分强大，配置一个安全的策略将能够在一定程度上帮助系统管理员检测系统的更改，有效检测入侵行为。

## 2.2.6 实验总结

实验中清除不需要的特殊用户时，可以不用直接删除用户和用户组，因为当后期需要某个用户时，重新添加又会很麻烦。因此，可以修改"/etc/passwd"文件和"/etc/group"文件，将不需要的用户和用户组前加"#"来注释掉这一项，相当于删除了此用户。

实验中有些步骤，如设置用户的自动注销时间和建立登录警告提示信息等，它们只有在命令行模式启动下的CentOS7系统中才能看到效果，在以图形界面启动的系统中，图形界面会屏蔽掉一些命令行启动系统的一些设置，因此会看不到效果。

实验中，创建登录警告提示信息并不能对非法登录用户产生实质性影响，更多的只是在心理上给非法用户施加压力，产生震慑作用。

在部署完整性检查工具软件步骤中的安装过程，需要联网下载AIDE软件。使用在附件中提供的策略文件即可比较全面地监控所有的系统重要文件。

# 第 3 章　服务器安全防护

随着社会信息化程度和开放程度越来越高，服务器处于互联网这样一个相对开放的环境中，各类站点应用系统的复杂性和多样性导致系统漏洞层出不穷，病毒、木马和恶意代码网上肆虐，黑客入侵和篡改网站的安全事件时有发生。常见的系统攻击分为两类：一是利用服务器的漏洞进行攻击，如 DDOS、病毒、木马破坏等；二是利用服务器自身的安全设置缺陷进行攻击，如 SQL 注入攻击、跨站脚本攻击等。本章选取常用的两类互联网应用服务器——Web 服务器和 FTP 服务器，对其安全配置及防护进行讲解和实验。

## 3.1　基于 IIS 7.0 的 Web 服务器安全配置

### 3.1.1　实验目的

本实验的对象是基于 IIS 7.0 的 Web 服务器。首先，IIS 是一个统一的 Web 平台，它可以为管理员和开发人员提供一个 Web 解决方案。本实验的目的就是通过各种配置来加强 IIS 的安全机制，建立高安全性能的可靠 WWW 服务器。本实验分为三部分：Web 服务器安装、Web 访问安全、Web 服务器常规安全设置。其中，Web 访问安全是通过对 Web 站点主目录设置 NTFS 访问权限，从而对不同用户账户的来访赋予不同的访问和操作权限等来确保服务器安全的；而 Web 服务器常规安全设置是通过一些配置，来获得安全可靠的网络平台。

### 3.1.2　实验原理和基础

IIS 是由微软公司提供的基于运行 Microsoft Windows 的互联网基本服务，是在 Windows NT Server 上建立 Internet 服务器的基本组件。其中 IIS 7.0 是 Windows Server 2008 系统默认集成的 IIS 组件版本，相较于早期版本而言，IIS 7.0 的安全性有了明显的提高，同时提供多种安全机制，包括基于 Windows 系统的基本身份验证方法以及基于域的高级身份验证方法。另外，IIS 7.0 采取完全模块化的安装和管理，增强了安全性和自定义服务器，减少了攻击的可能，简化了诊断和排除功能。

通过对服务器配置适当的身份验证机制，可以确认任何请求访问网站的用户的身份，以及授予访问站点公共区域的权限，同时还可以防止未经授权的用户访问专用文件和目录。除此之外，IIS 7.0 本身还提供了许多全新的安全功能，如访问控制、IIS 管理器权限、授权规则等。

下面列举本实验需要用到的一些 IIS 安全性功能：

**1. NET 信任级别**

管理员可以通过此项安全设置为托管模块、管理程序和应用程序指定信任的级别，以提高网络组件和服务器的安全。改功能需要.NET 扩展组件的支持。

**2. IIS 管理器权限**

该功能可以控制允许连接到网站或应用程序的用户对象，包括 IIS 管理器用户、Windows 用户或 Windows 组的成员。该功能仅限于服务器连接。如果在 IIS 管理器中的服务器级别打开此功能，可以查看被授予了 Web 服务器上所有网站和应用程序权限的用户，并且可以选择用户以删除该用户的网站和应用程序权限，提高服务器的安全性。

**3. 访问控制**

可以通过配置"允许"或"拒绝"访问服务器的 IP 地址或域名列表，实现对服务器的访问控制。

**4. 身份认证**

IIS 7.0 可以提供 7 种身份验证方法，并且集成 Active Directory 服务的身份验证机制，如 AD 客户端身份验证、摘要式身份验证等，以及.NET 组件提供的 ASP.NET 模拟身份验证方法等。

**5. 授权管理规则**

管理员通过为服务器配置相应的授权规则，可以指定授权用户访问网站或应用程序的规则。

**6. 管理服务**

管理员可以使用功能配置 IIS 管理器的管理服务。利用管理服务，计算机和域管理员可以通过远程方式管理 Web 服务器、站点和应用程序。

另外，本实验还涉及 NTFS 访问安全。NTFS 文件系统可以为数据提供安全和访问控制，可以限制用户和服务对文件和文件夹的访问。使用 NTFS 文件系统时，必须为用户账户授予相应的 NTFS 权限，该用户才能访问相应的文件或文件夹，否则就无法访问，从而在一定程度上保护了数据的安全。但有一点要注意的是，无论是以用户身份登录到服务器，还是通过网络访问共享文件夹，NTFS 安全性都是有效的。因此，从安全角度考虑，应该要为 IIS 设置 NTFS 权限。

### 3.1.3 实验环境

PC，虚拟机 VMware 下安装的 Windows Server 2008 R2。

### 3.1.4 实验要求

该实验分为三个部分：Web 服务器安装、Web 访问安全、Web 服务器常规安全设置。

在 Web 访问安全这一部分中，要完成 NTFS 访问权限设置、身份验证方式设置，以及授权规则设置。

（1）NTFS 访问权限设置这一部分，只需要对希望设置访问权限的站点主目录或虚拟目录设置 NTFS 访问权限。设置过程中要注意 NTFS 访问权限自动继承和传播的特点，避免影响到其他站点或页面的正常访问。

（2）身份验证方式设置这一部分，要实现三种身份验证方式的配置，分别是配置匿名身份验证、配置基本身份验证、配置摘要式身份验证。这里要注意，摘要式身份验证要求将 Web 服务器加入某个域或该计算机是域服务器。如果要使用摘要式身份验证，必须禁用匿名身份验证。

（3）授权规则设置这部分，可以是基于用户账户或组的，也可以是基于应用程序角色的。

### 3.1.5　实验内容和步骤

**1．Web 服务器安装**

在 "Administrator" 中找到 "Server Manager"，并单击【Server Manager】(图 3.1(a))，在弹出的窗口中，选择 "Add Roles"（图 3.1(b)）。

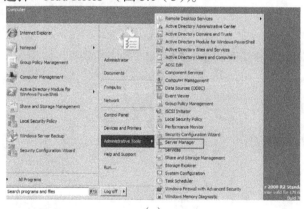

(a)

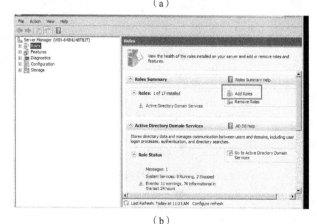

(b)

图 3.1　Web 服务器安装过程 1

在弹出的页面中，选择"Web Server（IIS）"，并单击【Next】（图3.2（a）），勾选页面中"Role Server"中的所有选项，并单击【Next】（图3.2（b））。

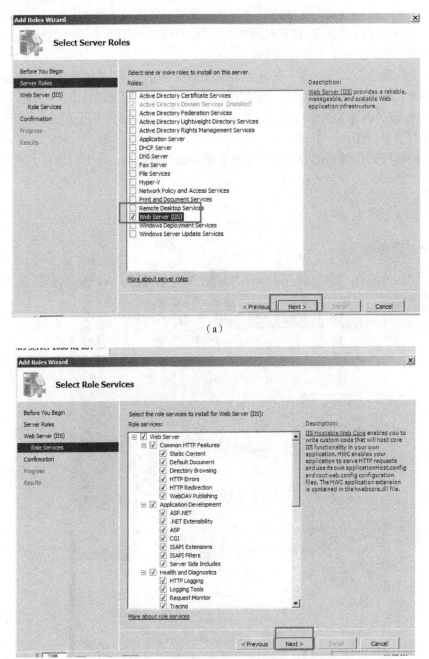

图3.2 Web服务器安装过程2

单击【Install】（图3.3（a）），确定安装，安装完成后，就会出现3.3（b）所示的页面。

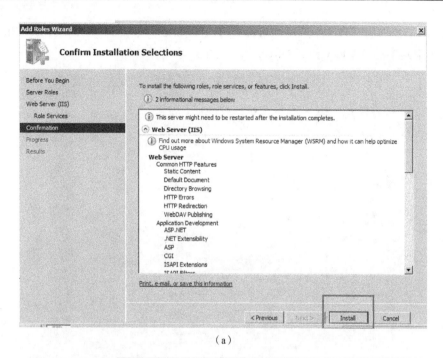

图 3.3 Web 服务器安装过程 3

## 2. Web 访问安全

先建立一个文件夹"home",路径为"C:/home",然后将其设置为 Web 站点的主目录。步骤如下:

在"Administrator"中找到"Inernet Informaton Services(IIS)Manager",并单击,

在"WIN-648NU48TB2T"中选中"Sites",并在"Sites"中找到"Default Web Site",并右击,选中其中的"Add Virtual Directory"(图3.4)。

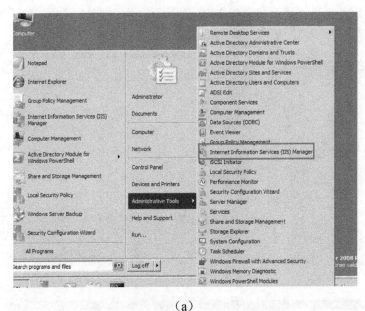

(a)

(b)

图 3.4  Web 站点的建立 1

弹出一个对话框,在"Alias"处填写这个目录的别名"home",并在"Physical path"选项单击旁边的浏览选项,选择这个主目录的位置"C:\home"(图3.5(a)),其中,"home"这个文件夹存在于"C:\home"下,这样就可以看到在"Default Web Site"下有个"home"(图3.5(b))。

# 第 3 章　服务器安全防护

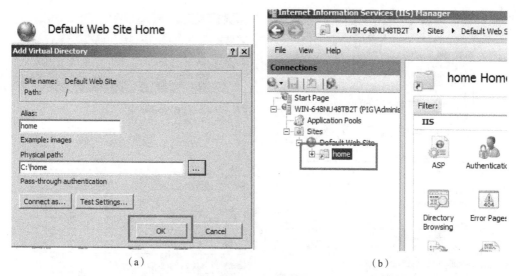

（a）　　　　　　　　　　　　　（b）

图 3.5　Web 站点的建立 2

1）设置 NTFS 访问权限

本实验中，用"C:\home"来做实验。

在"Computer"中，找到创建好的"home"文件夹，右击"home"文件夹并选择快捷菜单中的"Properties"选项，在显示的"home Properties"对话框中，切换至"Security"选项卡，选择相应的组或用户，就可以看到该组或用户拥有的权限。这里选择了"Administrators（PIG\Administrators）"，因此就可以看到它对应的权限（图 3.6）。

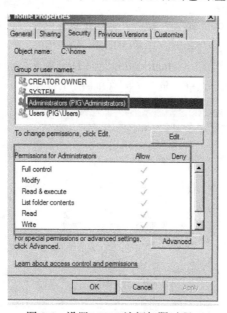

图 3.6　设置 NTFS 访问权限过程 1

单击【Edit】（图 3.7（a）），在显示的"Permissions for home"对话框中，可以根据需求添加用户并设置其相关权限，也可以更改权限（图 3.7（b））。

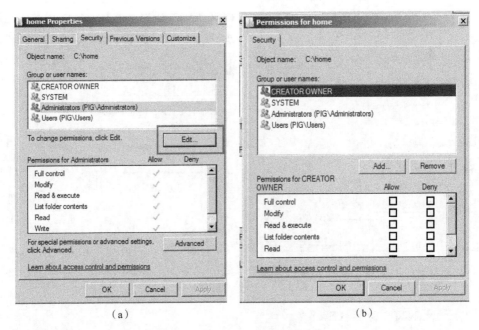

图 3.7 设置 NTFS 访问权限过程 2

2）设置身份验证方式

（1）配置匿名身份验证。

默认情况下，IIS 7.0 使用 IUSR 作为匿名访问的用户名。下面的实验是对 home 站点编辑匿名身份验证凭据。

在"Internet Information Services（IIS） Manager"窗口中，依次选择"Start Page"→"WIN-648NU48TB2T"→"Sites"→"Default Web Site"→"home"选项，并双击【Authentication】图 3.8（a）。在"Authentication"窗口中，右击【Anonymous Authentication】，在打开的快捷菜单中选择"Edit"命令（图 3.8（b））。

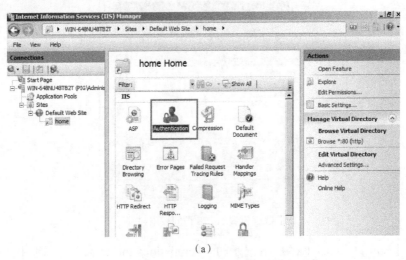

(a)

图 3.8 配置匿名身份验证

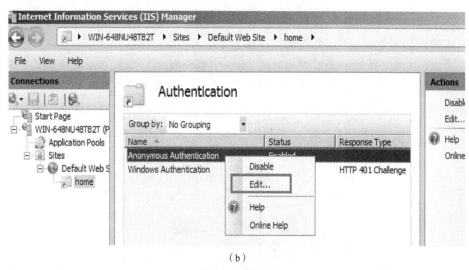

(b)

图 3.8 配置匿名身份验证 1（续）

在弹出的对话框中，单击【set】(图 3.9（a）)，在弹出的"Set Credentials"对话框中，输入希望使用的用户名和密码（图 3.9（b））。

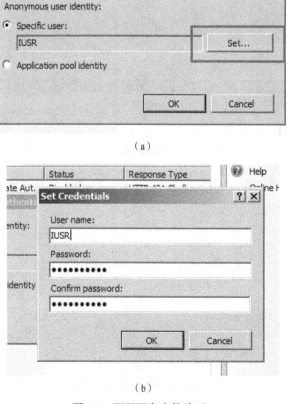

(a)

(b)

图 3.9 配置匿名身份验证 2

（2）配置基本身份验证。

本实验仍是为 home 网站配置基本身份验证。

打开"Internet Information Services（IIS）Manager"，在"home Home"中双击【Authentication】（图 3.10（a）），在弹出的"Authentication"对话框中选择"Basic Authentication"（图 3.10（b））。

（a）

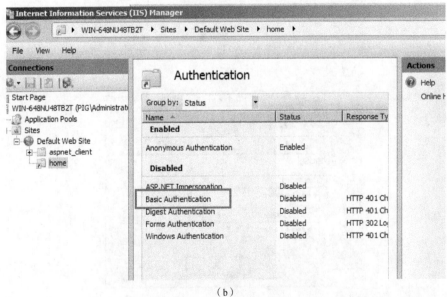

（b）

图 3.10　配置基本身份验证 1

右击【Basic Authentication】选项，在弹出的快捷菜单中选择"Enable"命令，启用基本身份验证（图 3.11（a）），并且可以看到基本身份验证功能启用了（图 3.11（b））。

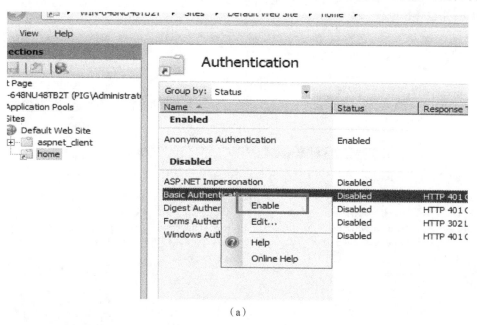

(a)

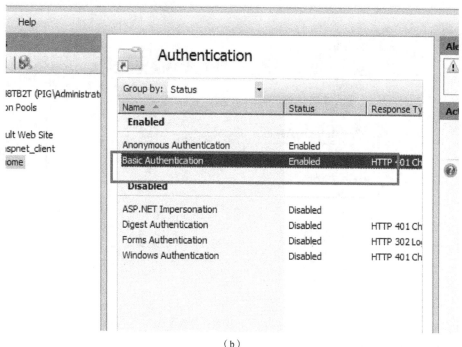

(b)

图 3.11　配置基本身份验证 2

右击【Basic Authentication】选项，弹出选择快捷菜单，单击其中的【Edit】命令（图 3.12（a）），弹出"Edit Basic Authentication Settings"对话框。在"Default domain"文本框中输入一个默认域或将其留空，将根据对登录到该站点时未提供域的用户进行身份认证;在"Realm"文本框中,输入一个默认域或将其留空。此处两个地方都留空(图 3.12(b))。

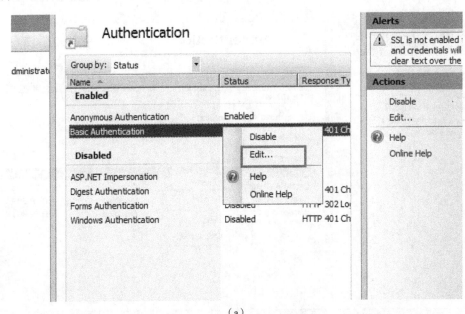

图 3.12 配置基本身份验证 3

(3)配置摘要式身份验证。

本实验仍是为 home 网站配置摘要式身份验证。

打开"Internet Information Services(IIS)Manager",在"home Home"中双击【Authentication】(图 3.13(a)),在弹出的"Authentication"对话框中选择"Digest Authentication",并启用(图 3.13(b))。

图 3.13 配置摘要式身份验证 1

右击【Digest Authentication】选项，在弹出的快捷菜单中选择"Edit"命令（图 3.14 (a)），弹出"Edit Digest Authentication Settings"对话框，在"Realm"文本框中输入 IIS 在对尝试访问受摘要式身份验证保护的资源的客户端进行身份验证时使用的领域（图 3.14 (b)）。

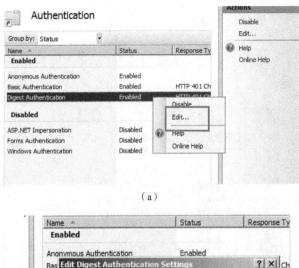

(a)

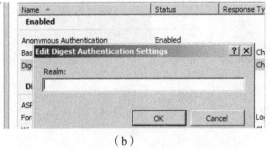

(b)

图 3.14 配置摘要式身份验证 2

3）授权规则设置

本实验是为用户添加拒绝访问服务规则。

打开"Internet Information Services（IIS） Manager"，在"home Home"中双击【Authentication Rules】（图 3.15（a）），在"Actions"操作栏中选择"Add Deny Rule"选项，在"Add Deny Authorization Rule"对话框中，选中"Specified users"复选框，输入用户"pig"，并单击【OK】按钮，可以看到，新建的规则添加到了"Authorization Rules"列表中（图 3.15（b））。

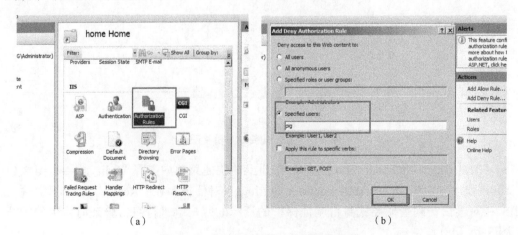

(a)　　　　　　　　　　　　　　　　(b)

图 3.15 为用户添加拒绝访问服务规则

### 3. Web 服务器常规安全设置

1）自定义错误

在 "Internet Information Services（IIS） Manager" 窗口中，依次选择 "Start Page" → "WIN-648NU48TB2T" → "Sites" → "Default Web Site" → "home" 选项，并双击【Error Pages】（图 3.16（a）），在 "Error Pages" 窗口的操作栏中单击【Add】连接（图 3.16（b））。

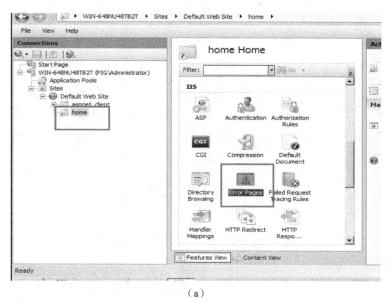

(a)

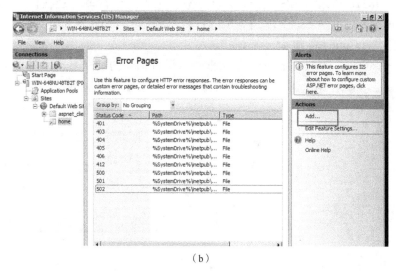

(b)

图 3.16　自定义错误 1

弹出 "Add Custom Error Page" 对话框，在 "Status code" 文本框中输入状态代码 "503"，并选中 "Respond with a 302 redirect" 单选钮，输入 "http://www.contoso.com/404.aspx"，从而实现为 home 添加一个错误页面并以 302 重定向相应到 "http://www.contoso.com/404.aspx"（图 3.17（a）），单击【OK】后，就可以在列表中看到新添加的内容了（图 3.17（b））。

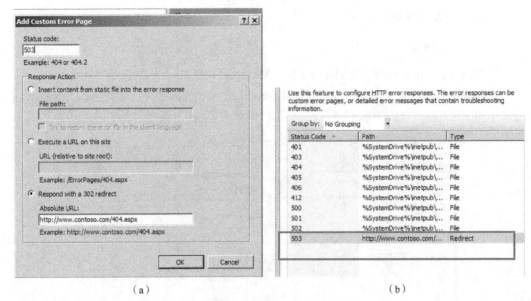

图 3.17 自定义错误 2

2）设置内容过期

设置内容过期是 Web 服务器重要的安全措施之一。对于时效性较强的数据信息，可以通过设置内容过期来更新所发布的内容。

在"Internet Information Services（IIS） Manager"窗口中，依次选择"Start Page"→"WIN-648NU48TB2T"→"Sites"→"Default Web Site"→"home"选项，并双击【HTTP Response Headers】（图 3.18（a）），弹出【HTTP Response Headers】窗口，在"Actions"栏中，单击"Set Common Headers"连接，弹出"Set Common HTTP Response Headers"对话框，勾选"Expire Web content"复选框，并设置相应的过期方式（图 3.18（b））。

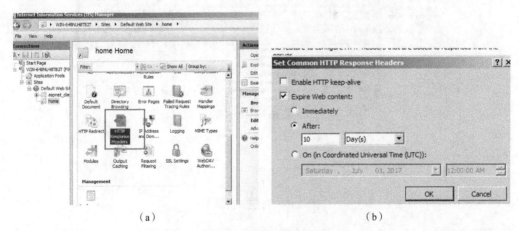

图 3.18 设置内容过期

3）禁止目录浏览

在"Internet Information Services（IIS）Manager"窗口中，选中"Default Web Site"，

单击【Default Web Site Home】,双击【Directory Browsing】(图 3.19(a)),显示"Directory Browsing"窗口,此时可以任意选择"Time""Size""Extension""Date",并单击"Disable"链接,禁用目录浏览。如果哪一项被选中,那么访客在看文件的时候,看不到相应的项(图 3.19(b))。

图 3.19 设置禁止目录浏览

4)IP 地址控制

在"Internet Information Services(IIS)Manager"窗口中,选中"Default Web Site",单击【Default Web Site Home】,双击【IP Address and Domain Restrictions】(图 3.20(a)),在"Add Allow Restriction Rule"对话框中,系统默认选择"Specific IP address",可以在相应的文本框中输入将被允许访问的单个 IP 地址。在本实验中,选择的是"IP address range",在文本框中输入相应的主机 IP 地址和掩码,就可以同时添加多个被允许访问的主机 IP 地址了(图 3.20(b))。

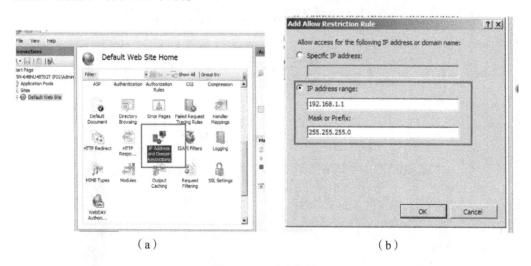

图 3.20 IP 地址控制 1

在"Actions"操作栏中单击【Edit Feature Settings】链接(图 3.21(a)),在"Edit IP and Domain Restrictions Settings"对话框中,可以根据域名来限制要访问的计算机。在

"Access for unspecified clients"下拉列表中,设置除指定的 IP 地址外的客户端,访问该网站时所进行的操作,可以根据需要在下拉列表中选择"Allow"或"Deny"选项。若选择"Enable domain name restriction"复选框,则可启用域名限制(图 3.21(b))。但要注意的是,通过域名限制访问会要求 DNS 反向查找每一个链接,这将会严重影响服务器的性能,所以最好禁用。

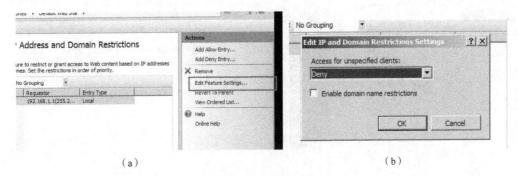

(a)　　　　　　　　　　　　　　(b)

图 3.21　IP 地址控制 2

在"Actions"栏中单击【Revert to Parent】链接,会显示"IP Address and Domain Restrictions"对话框(图 3.22(a)),恢复功能以从父配置中继承设置,该操作将为当前功能删除本地配置设置(包括列表中的项目),因此要谨慎使用。在"Actions"操作栏中,单击【View Ordered List】链接,就可以显示图 3.22(b)所示的窗口。IIS 7.0 是按照"View Ordered List"中条目的顺序依次执行的。

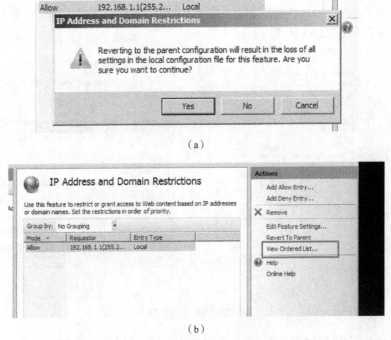

图 3.22　IP 地址控制 3

5）内容分级设置

在"Internet Information Services（IIS） Manager"窗口中，单击【Default Web Site】，打开"Default Web Site Home"，双击【.NET Trust Levels】（图 3.23）。

图 3.23　打开"Default Web Site Home"

在".NET Trust Levels"窗口中，打开"Trust level"下拉列表，选择适当的信任级别。系统默认是"Full（internal）"级别。下拉表中各级别的含义如下：

（1）Full（internal）级别用来指定不受限制的权限。授予 ASP.NET 应用程序权限，以便允许访问任何符合操作系统安全性的资源，支持所有特许操作。该信任级别是用于内部网络的 Web 站点，安全性最低。

（2）High（web_hightrust.config）级别用来指定高级别的代码访问安全性，表示在默认情况下，应用程序无法执行以下任何一项操作：

①调用非托管代码；

②调用服务组件；

③向事件日志中写入内容；

④访问消息队列服务队列；

⑤访问 ODBC、OleDb 或 Oracle 数据源。

（3）Minimal（web_minimaltrust.config）级别用来指定中等级别的代码访问安全性，表示在默认情况下，除了高信任级别的限制外，ASP.NET 应用程序还无法执行下面任何一项操作：

①访问应用程序目录范围外的文件；

②访问注册列表；

③进行网络或 Web 服务调用。

（4）Low（web_lowtrust.config）级别用来指定低级别的代码访问安全性，表示在默认情况下，除了中等信任级别的限制以外，该应用程序无法执行以下任一操作：

①向文件系统中写入内容；

②调用 Assert 方法。

（5）Minimal（web_minimaltrust.config）级别用来指定最低级别的代码访问安全性，这表明该应用程序只具有执行权限，安全级别最高。信任级别如图 3.24 所示。

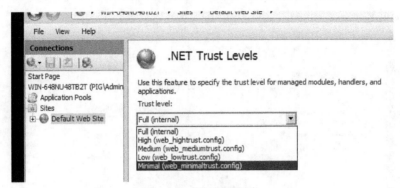

图 3.24　信任级别列表

选择好级别以后，单击【Apply】链接，保存设置就可以了（图 3.25）。

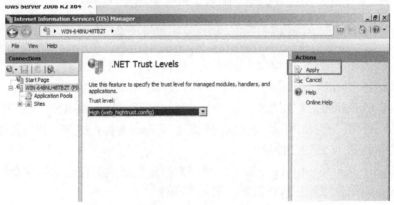

图 3.25　内容分级设置

## 3.1.6　实验总结

本实验中的服务器配置只要按照步骤一步一步去设置即可，实验过程中需要注意的是，在安装 Web Server（IIS）的过程中，有一步是选择"Role Server"，这里最好是把所有选项都选上，因为如果有些服务没选，那么后面在实验中就没有相应的功能选项。如果直接使用系统预置的选项，那么在进行身份验证配置的过程中，就找不到"基本身份验证"和"摘要式配置"选项，并且在"Web 服务器常规安全设置"这一部分中，也找不到"IP 地址配置"和"内容分级设置"选项。另外还有几个要注意的地方：第一是在"IP 地址控制"中"编辑 IP 和域限制设置"这一步，有个选项是"启用域名限制"，当选中这个选项以后就可以启用域名限制。但是，通过域名限制访问会要求 DNS 反向查找每一个连接，这将会严重影响服务器的性能，因此这一项最好不要使用。第二是摘要式身份认证要求将 Web 服务器加入某个域或计算机是域服务器。如果要使用摘要式身份验证，必须禁用匿名身份验证。如果不禁用匿名身份验证，用户将可以通过匿名方式访问服务器上的所有内容，包括受限制的内容。

## 3.2 Linux 平台下的 FTP 服务器安全配置

### 3.2.1 实验目的

了解 FTP 服务器的基本工作原理，掌握 vsftpd（very secure FTP daemon）服务器的安装方法，掌握 vsftpd 服务器中配置基于本地用户的访问控制和基于主机的访问控制的方法，掌握配置虚拟用户的方法，了解使用虚拟用户的目的，详细了解配置文件 vsftpd.conf 的作用和功能。

本实验可以实现如下的安全配置：
（1）FTP 服务器的搭建；
（2）允许匿名用户和本地用户登录；
（3）匿名用户不能离开匿名服务器目录"/var/ftp"，且只能下载不能上传；
（4）限制指定本地用户的访问；
（5）限制指定虚拟用户的访问；
（6）限制指定虚拟用户浏览的权限；
（7）限制指定虚拟用户下载的权限；
（8）限制指定虚拟用户上传的权限。

### 3.2.2 实验原理和基础

**1. vsftpd 简介**

良好的安全性是 vsftpd 的一个最大的特点。vsftpd 是一个 UNIX 类操作系统上运行的服务器的名字，它可以在诸如 Linux、BSD、Solaris、HP-UNIX 等系统上运行，是一个完全免费的、开放源代码的 FTP 服务器软件，具有很多其他 FTP 服务器所不具有的优点，如非常高的安全性需求、带宽限制、良好的可伸缩性、可创建虚拟用户、支持 IPv6、速率高等。

vsftpd 是一款在 Linux 发行版中最受推崇的 FTP 服务器程序，特点是小巧轻快、安全易用。

**2. FTP 协议原理**

FTP 是应用层协议，可以跨平台。但也正因为是应用层，所以很多功能无法实现。现有的存储模型有 DAS（直接附加存储，如硬盘）、NAS（网络附加存储，网络共享）、SAN（块级别共享，最底层）三种。

FTP 是文件传输协议，监听 21/TCP 只能通过 TCP 套接字实现，且是 C/S 架构。由于它比 HTTP 协议更复杂，有许多文件管理类命令，因而需要在 FTP 连接上传输两类数据：第一类就是文件管理类命令，称为命令连接；第二类是数据本身传输，称为数据连接。

客户端第一次连接服务器端时，请求的是 21 端口，21 端口需要验证用户的身份。验证完成之后，用户需要使用"ls"查看，"ls"执行的结果就会通过命令连接进行响应，告诉客户端执行是否成功。当用户试图传输一个文件时，在命令连接上发起命令，如"get"，当这个命令发送给服务器端时，服务器端就会通过系统调用加载请求的文件，然后将其分割成数据包，另外发起一个数据连接，借助于此连接发送给客户端。命令连接是一直存在的，除非使用"bye"命令；而数据连接是按需建立的，传输完毕后拆除。

FTP 既支持文本格式的传输，也支持二进制格式的传输。文件基于什么编码，就通过什么方式传输，所以不能人为限制它的传输格式。

FTP 的传输有主动和被动两种模式。

主动模式的工作机制是：客户端选择一个随机端口如 50000 对服务器端 21 端口发起命令连接，但是服务器端响应建立数据连接时，会使用 20/TCP 端口主动连接客户端 50000+1 这个端口，如果此端口被占用就使用 50000+2 端口，以此类推。注意：20 端口只是负责建立连接，真正传输的还是随机端口。

由上述可知，服务器端是可以随意给客户端发送数据的。因此，为了安全，需要通过防火墙进行防御。防火墙通常是针对客户端的，因为作为客户端，它只会向服务器端发请求，而不会有其他客户端向该客户端发送请求。因此，防火墙就需要将端口号统统关闭，以保证其无法和其他客户端建立联系，这会造成 FTP 服务器端发起的数据请求也无法进来。同时，客户端端口号是随机的，也无法定位开放端口，这就是主动连接的弊端，于是就催生出被动模式。

被动模式下，客户端还是选择一个随机端口如 50000 对服务器端 21 端口发起命令连接，当客户端收到用户的"get"命令后，就会启动一个子进程监听在一个随机端口上，然后通过命令连接告诉客户端此端口号，客户端就可以使用 50000+1 端口号去连接服务器端告知的端口号。告诉的方式很独特，例如，121、23，就是告诉客户端端口号是 121*256+23，客户端还需计算才能知道。

### 3. vsftpd 配置原理

vsftpd 的配置文件主要有三个，分别是 "/etc/vsftpd/4vsftpd.conf""/etc/vstpd.ftpusers" 和 "/etc/vsftpd.user_list"。其中 "vsftpd.conf" 是主配置文件；"vsftpd.ftpusers" 制定哪些用户不能访问 FTP 服务器；"vsftpd.user_list" 制定的用户是在 "vsftpd.conf" 中设置了 "userlist_enable=YES,vsftpd.user_deny=YES"时不能访问服务器，当 userlist_enable=YES，vsftpd.user_deny=NO 时，只有 vsftpd.user_list 指定的用户才能访问服务器。

虚拟用户只能访问为其提供的 FTP 服务，而不能像本地用户那样直接登录系统访问系统的其他资源，但本地用户登录 FTP 访问，容易向外界服务器暴露用户情况。因此，使用虚拟用户能够提供更好的系统安全性。

传统的 FTP 服务器采用如下方法实现虚拟用户：在本地建立普通用户账号并设置密码，将其登录 shell 设置为不可登陆，由系统口令系统对用户进行认证。vsftpd 不采用这种方式，通过建立独立的口令库，对 PAM 进行认证，更加灵活和安全。

### 3.2.3 实验环境

VMware 虚拟机，CentOS-6.3-x86_64，vsftpd 软件包，FlashFXP。

打开 VMware，新建虚拟机，通过选择 iso 映像文件 CentOS-6.3-x86_64-bin-DVD1.iso 安装 CentOS，根据默认推荐下一步即可；vsftpd 软件包采用在终端命令行输入"yum install vsftpd"的方式安装；而 FlashFXP 有一个免安装版的文件，直接打开就能使用。

### 3.2.4 实验要求

（1）实验环境正确安装及配置，包括虚拟机和操作系统能正常运行，vsftpd 正常安装；

（2）FTP 服务能正常启动；

（3）搭建好 FTP 服务，并且能在服务上进行文件的操作；

（4）能正确生成和设定虚拟账户的账号和密码，进行授权认证，并对这些账号的权限进行设置；

（5）正确配置 vsftpd，实现访问控制、本地账户控制和虚拟账户控制，能正确地控制指定账户的登录以及读/写、下载、上传的权限。

### 3.2.5 实验内容和步骤

（1）将上述实验环境安装完成后，首先关闭防火墙和 SELiunx。

输入"service iptables stop"和"setenforce 0"（图 3.26）。

图 3.26 关闭防火墙和 SELiunx

（2）创建文件夹"/var/ftp/pub/upload"和"/var/ftp/write"，输入"mkdir /var/ftp/pub/upload"和"mkdir /var/ftp/write"，或者先用 cd 进入当前目录，直接输入"mkdir +文件夹名"。

（3）修改文件权限，输入"chmod -R 777/var/ftp/write"和"chmod -R 777/var/ftp/pub/upload"（图 3.27）。

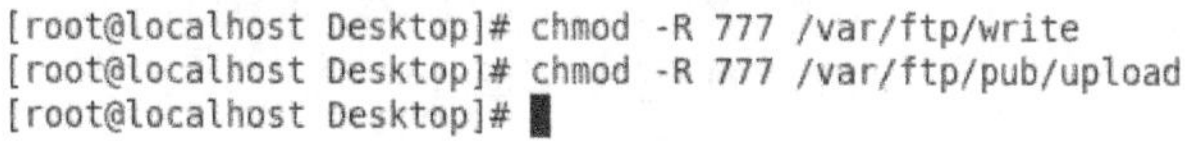

图 3.27 修改文件权限

（4）编辑"/etc/vsftpd/vsftpd.conf"，将"#anon_upload_enable=YES"和"anon_mkdir_write_enable=YES"中的"#"删除，允许匿名上传（图3.28）。

```
[root@localhost etc]# cd /etc/vsftpd
[root@localhost vsftpd]# vim vsftpd.conf
local_umask=022
#
# Uncomment this to allow the anonymous FTP user to upload file
# has an effect if the above global write enable is activated.
# obviously need to create a directory writable by the FTP user
anon_upload_enable=YES
#
# Uncomment this if you want the anonymous FTP user to be able
# new directories.
anon_mkdir_write_enable=YES
#
```

图 3.28 允许匿名上传

（5）编辑"/etc/xinetd.d/vsftpd"，启用超级服务。输入：

```
vi /etc/xinetd.d/vsftpd
service ftp
{
    Disable          = no
    socket_type      = stream
    wait             = no
    user             = root server          = /usr/sbin/vsftpd
    server_args      = /etc/vsftpd/vsftpd.conf
```

说明：上面这个server请依照主机环境来设定，至于server_args请写入vsftpd的配置文件完整名称即可。

```
    per_source       = 5        #与同一 IP 的联机数目有关。
    instances        = 200      #时间最多的联机数目。
    no_access        = 192.168.1.3
    banner_fail              = /etc/vsftpd/vsftpd.busy_banner
```

说明：上面这个文件就是当主机忙碌时，在Client端显示的内容。

```
    log_on_success += PID HOST DURATION
    log_on_failure += HOST
}
```

（6）用ifcongig获取本地IP为192.168.52.130（图3.29）。

```
[root@localhost Desktop]# ifconfig
eth0      Link encap:Ethernet  HWaddr 00:0
          inet addr:192.168.52.130  Bcast:
```

图 3.29 获取本地IP

（7）启动FTP服务器，输入"service vsftpd restart"（图3.30）。

```
[root@localhost Desktop]# service vsftpd restart
Shutting down vsftpd:                                    [  OK  ]
Starting vsftpd for vsftpd:                              [  OK  ]
```
图 3.30　启动 FTP 服务器

（8）输入"rpm -Uvh http://mirror.centos.org/centos/6/os/x86_64/Packages/ftp-0.17-54.el6.x86_64.rpm"，安装 FTP 客户端（图 3.31）。

```
[root@localhost Desktop]# rpm -Uvh http://mirror.centos.org/centos/6/os/x86_64/P
ackages/ftp-0.17-54.el6.x86_64.rpm
Retrieving http://mirror.centos.org/centos/6/os/x86_64/Packages/ftp-0.17-54.el6.
x86_64.rpm
Preparing...                ########################################### [100%]
   1:ftp                     ########################################### [100%]
```
图 3.31　安装 FTP 客户端

（9）输入"ftp 192.168.52.130"，用 FTP 匿名登录。

（10）打开 FlashFXP，建立连接（图 3.32（a）），并上传"test.txt"文件，匿名用户可以上传文件（图 3.32（b））。

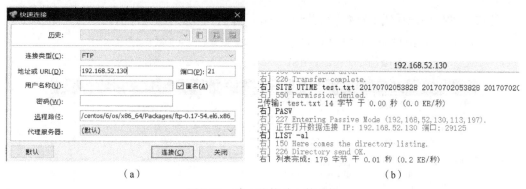

图 3.32　建立连接并上传文件

（11）限制指定的本地用户不能访问，而其他本地用户可以访问，编辑"/etc/vsftpd/vsftpd"。

conf 在配置文件末尾添加：

　　userlist_enable=YES
　　userlist_deny=YES
　　userlist_file=/etc/vsftpd/user_list

如果"userlist_deny=YES"中"YES"改为"NO"，表示只能存在"user_list"文件中的用户允许登入。

（12）配置虚拟用户的 FTP 服务器。

（13）创建两个目录"mkdir /home/vsftpd/ftp1"和"mkdir /home/vsftpd/ftp3"（图 3.33）。

```
[root@localhost Desktop]# mkdir /home/vsftpd
[root@localhost Desktop]# mkdir /home/vsftpd/ftp1
[root@localhost Desktop]# mkdir /home/vsftpd/ftp3
```
图 3.33　创建目录

（14）生成虚拟口令库文件，生成一个“loginuser.txt”存放口令。“vi /etc/vsftpd/loginuser.txt”内容如下：

```
xxf1
20141000302
xxf2
20141000302
```

其中，奇数行代表用户名，偶数行代表口令。

（15）生成虚拟数据库。输入：“db_load -T -t hash -f /etc/vsftpd/loginuser.txt /etc/vsftpd/login.db”。

（16）设置数据库文件的访问权限。输入“chmod 600 /etc/vsftpd/login.db”（图 3.34）。

```
[root@localhost Desktop]# db_load -T -t hash -f /etc/vsftpd/loginuser.txt
/etc/vsftpd/login.db
[root@localhost Desktop]# chmod 600 /etc/vsftpd/login.db
[root@localhost Desktop]# vi /etc/pam.d/vsftpd
```

图 3.34　数据库文件访问权限

（17）虚拟用户采用 PAM 进行验证。将以下内容增加的原文件前面两行（图 3.35）：

```
auth required pam_userdb.so db=/etc/vsftpd/login
account required pam_userdb.so db=/etc/vsftpd/login
```

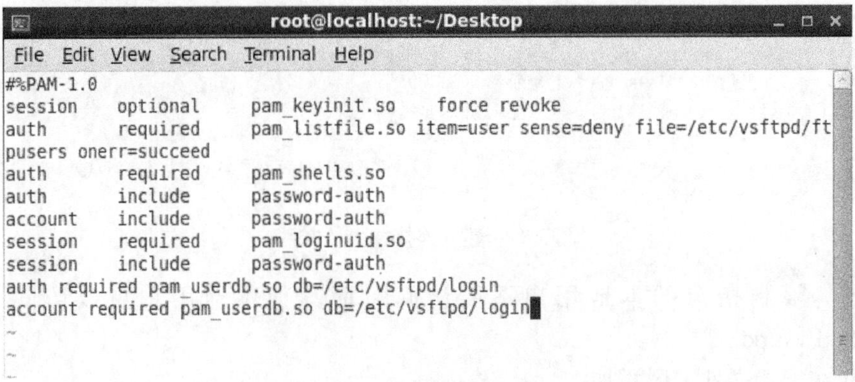

```
root@localhost:~/Desktop
File Edit View Search Terminal Help
#%PAM-1.0
session    optional     pam_keyinit.so    force revoke
auth       required     pam_listfile.so item=user sense=deny file=/etc/vsftpd/ft
pusers onerr=succeed
auth       required     pam_shells.so
auth       include      password-auth
account    include      password-auth
session    required     pam_loginuid.so
session    include      password-auth
auth required pam_userdb.so db=/etc/vsftpd/login
account required pam_userdb.so db=/etc/vsftpd/login
~
~
```

图 3.35　虚拟用户验证

（18）编写 vsftpd.conf。末尾添加“pam_service_name=vsftpd.vu”（图 3.36）。

```
pam_service_name=vsftpd.vu
tcp_wrappers=YES
userlist_enable=YES
userlist_deny=YES
userlist_file=/etc/vsftpd/user_list
```

图 3.36　编写 vsftpd.conf

（19）vsftpd 使用的 pam 文件。可以看出前面两行是对虚拟用户的验证，后面是对系统用户的验证。为了安全，一般把系统用户的登入关闭，使用虚拟账号登入 FTP。其中，对虚拟用户的验证使用了“sufficient”这个控制标志。这个标志的含义是：如果这个模块验证通过，就不必使用后面的层叠模块进行验证了；但如果失败了，就继续后面的认证，也就是使用系统真实用户的验证。

虚拟用户创建本地系统用户：
```
auth       sufficient       pam_userdb.so db=/etc/vsftpd/login
account    sufficient       pam_userdb.so db=/etc/vsftpd/login
#auth      required   pam_listfile.so item=user sense=deny
                            file=/etc/vsftpd.ftpusers
                            onerr=succeed
#auth      required         pam_stack.so service=system-auth
#auth      required         pam_shells.so
#account   required pam_stack.so service=system-auth
#session   required pam_stack.so service=system-auth
```

（20）新建一个系统用户vsftpd，用户登录终端设为"/bin/false"（即使之不能登录系统）：
```
[root@localhost ~] # useradd vsftpd -d/home/vsftpd -s/bin/false
[root@localhost ~] # chown vsftpd:vsftpd/home/vsftpd
                    # 改变目录所属用户组
```

（21）编辑vsftpd.conf添加配置，并注释掉相应配置：
```
isten=YES                              #监听为专用模式
anonymous_enable=NO                    #禁用匿名登入
dirmessage_enable=YES
xferlog_enable=YES
xferlog_file=/var/log/vsftpd.log       #记录FTP操作日志
xferlog_std_format=YES
chroot_local_user=YES                  #对用户访问只限制在主目录不
                                        能访问其他目录
guest_enable=YES                       #启用guest
guest_username=vsftpd                  #使用虚拟账号形式
user_config_dir=/etc/vsftpd_user_conf  #虚拟账号配置目录
pam_service_name=vsftpd                #对vsftpd的用户使用pam认证
local_enable=YES
```

（22）创建两个文件：`
```
mkdir /etc/vsftpd/user_conf
cd /etc/vsftpd/user_conf
touch xftpuser xftpadmin
```

（23）分别编辑两个文件（图3.37）：
```
xftpuser
write_enable=YES
anon_world_readable_only=NO
```

```
anon_upload_enable=YES
anon_mkdir_write_enable=YES
anon_other_write_enable=YES
local_root=/home/vsftpd/ftp3
```

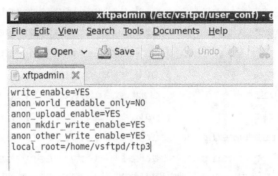

图 3.37　编辑文件

（24）xfpadmin（图 3.38）：

```
local_root=/home/vsftpd/ftp1
```

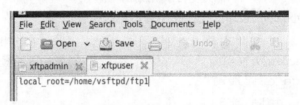

图 3.38　xfpadmin

vsftpd.conf 与主机相关的设置值和与系统安全相关的设置值这里不再具体展开，可查阅相关文档和资料。

### 3.2.6　实验总结

本实验中有可能出现的问题以及解决方式有：

（1）因为环境搭建时可能存在操作系统和使用软件上的版本不同，从而产生一些不可预知的问题，若不能解决就只能选择更换不同版本的操作系统。

（2）服务器配置的过程中，主配置文件十分长，并且里面有一些配置需要多个语句相互关联才能正常运行，而完全熟练地理解 vsftpd 的配置文件比较困难，所以如果只根据查找的资料修改配置文件去实现诸如访问控制或者其他一些功能时，一方面配置实现的功能会比较死板，另一方面可能会出现一些问题，所以要深刻理解配置文件本身。

（3）输入"ftp 192.168.xxx.xxx"这行命令无效时，需要输入"rpm -Uvh http://mirror.centos.org/centos/6/os/x86_64/Packages/ftp-0.17-54.el6.x86_64.rpm"，安装 FTP 客户端，之后命令即可有效。

（4）传输文件时出现 550 error，可能原因有许多，而相应的解决方法也有许多：

①输入"service iptables stop"和"setenforce 0",分别关闭防火墙和 SELinux;
②查看主配置文件 vsftpd.conf 中是否有"write_enable=YES"语句;
③安装 Berkeley DB,输入"yum install db4 db4-utils"。

# 第 4 章  网络扫描与监听技术

安全扫描与监听是每个从事网络安全，尤其是网络安全管理与维护人员必须掌握的基本技能，它为信息收集及安全防御提供了第一手资料，可以这么说，安全扫描技术是网络安全管理与维护人员需要掌握的第一项安全技术。网络嗅探监听技术原本也是提供给网络安全管理与维护人员进行管理的工具，可以用来监视网络的状态、数据流动情况以及网络上传输的信息等。当信息以明文的形式在网络上传输时，使用监听技术进行攻击并不是一件难事，尤其是在共享网络中，只要将网络接口设置成监听模式，便可以源源不断地将网上传输的信息截获。网络监听可以在网上的任何一个位置实施，如局域网中的一台主机、网关上或远程网的调制解调器之间等。但非常遗憾的是，这些原本只是掌握在网络安全管理与维护人员手中的利器却被黑客们所利用，因此，为了更好地利用这些技术进行安全防御，同时也为了更好地与黑客们进行正义的较量，本章将安排网络扫描与监听技术实现以及在此基础之上的协议分析相关实验。

## 4.1  利用 FreePortScanner 进行端口扫描

### 4.1.1  实验目的

通过此次的安全扫描实验熟练掌握 FreePortScanner 端口扫描器的使用方法，加深对端口扫描的基本原理和作用的了解，并且通过使用 FreePortScaner 端口扫描器对目标主机进行端口扫描之后，了解目标主机的开放端口以及相关端口所对应的计算机服务进程；加深对 TCP 等相关网络协议的理解与认识；了解某些默认开放端口存在的安全隐患，提高安全意识。

在电脑上安装 ProtectX 对主机端口进行监测，对针对主机端口的扫描攻击进行防范与监控。

### 4.1.2  实验原理和基础

安全扫描是一类重要的网络安全技术，它既能被黑客用于攻击之前的信息搜集，也可以被管理员用来检查网络的安全配置和运行的应用服务，及时发现安全漏洞，客观评估网络风险等级，并根据扫描结果修补安全漏洞和系统中的错误配置，在黑客攻击前进行防范。相对于防火墙和网络监控系统这些被动的防御手段，安全扫描是一种主动的防范措施，可以有效避免黑客攻击行为，做到防患于未然。

端口扫描是网络扫描的核心技术之一，一般通过扫描工具来实现。扫描工具是对目标主机的安全弱点进行扫描检测的软件，一般具有数据分析功能，而且通过对端口的扫描分析，可以发现目标主机开放的端口和所提供的服务，以及相应服务软件的版本和这些服务及软件的安全漏洞，从而能及时了解目标主机存在的安全隐患。扫描工具根据作用的环境不同，可以分为网络漏洞扫描工具和主机漏洞扫描工具两种类型。主机漏洞扫描工具是指在本机运行的扫描工具，旨在检测本地系统所存在的漏洞；网络漏洞扫描工具则是通过网络检测远程目标网络和主机系统所存在的漏洞。本实验主要针对网络漏洞扫描工具。

计算机"端口"是英文"Port"的义译，可以认为是计算机与外界通信交流的出口。端口按端口号可分为公认端口（well known ports）、注册端口（registered ports）、动态和/或私有端口（dynamic and/or private ports）三类。一个端口就是一个潜在的通信通道，同时也有可能是一个入侵通道。对目标计算机进行端口扫描，能得到许多有用的信息。端口扫描的原理是：尝试与目标主机的某些端口建立连接，如果目标主机端口有回复，那么说明该端口开放，即为"活动端口"。

扫描器是一种自动检测远程或本地主机安全弱点的程序，扫描器的工作原理是：通过选用远程 TCP/IP 不同的端口服务，并记录目标给予的回答，可以搜集到很多关于目标主机的有用的信息。扫描方式按扫描原理可以分为以下几种：

（1）全 TCP 连接。

这种扫描方法使用三次握手，与目标计算机建立标准的 TCP 连接。需要说明的是，这种扫描方法很容易被目标主机记录。

（2）半打开式扫描（SYN 扫描）。

在这种扫描技术中，扫描主机自动向目标计算机的指定端口发送 SYN 数据段，表示发送建立连接请求。

①如果目标计算机的回应 TCP 报文中 SYN=1，ACK=1，那么说明该端口是活动的；接着扫描主机传送一个 RST 给目标主机，拒绝建立 TCP 连接，从而导致三次握手过程的失败。

②如果目标计算机的回应是 RST，那么表示该端口为"死端口"，这种情况下，扫描主机不用做任何回应。由于扫描过程中，全连接尚未建立，因而大大降低了被目标计算机记录的可能性，并且加快了扫描的速度。

（3）FIN 扫描。

在 TCP 报文中，有一个字段为 FIN，FIN 扫描依靠发送 FIN 来判断目标计算机的指定端口是否活动。发送一个 FIN=1 的 TCP 报文到一个关闭的端口时，该报文会被丢掉，并返回一个 RST 报文；但是，如果当 FIN 报文被发送到一个活动的端口时，该报文只是简单地被丢掉，不会返回任何回应。从 FIN 扫描可以看出，这种扫描没有涉及任何 TCP 连接部分，因此，这种扫描比前两种都安全，可以称之为秘密扫描。

（4）第三方扫描。

第三方扫描又称为"代理扫描"，这种扫描是利用第三方主机来代替入侵者进行扫描。这个第三方主机一般是入侵者通过入侵其他计算机而得到的，它常被入侵者称为"肉鸡"。这些"肉鸡"一般为安全防御系数极低的个人计算机。

FreePortScanner 是一款小巧、高速、使用简单的免费的端口扫描工具，用户可以快速扫描全部端口，也可以制定扫描范围。

ProtectX 是一款在用户连接网络时保护计算机的工具，可以同时监控 20 个端口，还可以帮助追踪攻击者的来源，一旦有人尝试入侵连接到用户的计算机，即可发出声音警告并将入侵者的 IP 地址记录下来，可以防止黑客入侵。

### 4.1.3 实验环境

PC，Windows 7 操作系统，FreePortScanner 端口扫描器和 ProtectX 防御扫描器。

### 4.1.4 实验要求

利用 FreePortScanner 端口扫描器进行端口扫描的时候，必须保证用于端口扫描实验的主机网络连接正常。

FreePortScanner 端口扫描器可以快速扫描全部端口，也可以根据用户的不同需求制定扫描范围，在进行端口扫描时首先按该软件默认的扫描端口范围，也就是对 21~23、25、53、80、110、135、137~139、443、445、1080、1433、3128、3306、8080 这些端口进行扫描。

之后，当利用 FreePortScanner 端口扫描器在自定义范围内进行端口扫描时，建议从公认端口和注册端口中进行选择。其中公认端口范围是 0~1023，它们紧密绑定于一些服务；注册端口范围是 1024~49151，通常这些端口的通信明确表明了某种服务的协议，它们松散地绑定于一些服务，也就是说，有许多服务绑定于这些端口，这些端口同样用于许多其他目的。

在利用 FreePortScanner 端口扫描器对目标 IP 进行端口扫描的时候，由于端口扫描的速度较慢，建议扫描范围的端口总数最好不要超过 20 个。

ProtectX 的软件平台是 PC 端，支持 Windows XP、Windows 7、Windows 2000 和 Windows 2003 操作系统。

需要注意的是，使用 ProtectX 的端口安全功能组件时，需要将 IP Log 设置为用于实验的主机的 IP 地址。

### 4.1.5 实验内容和步骤

**1. 获取本机的 IP 地址**

只有设置好网关的 IP 地址，TCP/IP 协议才能实现不同网络之间的相互通信。网关 IP 地址是具有路由功能的设备 IP 地址，具有路由功能的设备有路由器、启用了路由协议的服务器（实际上相当于一台路由器）、代理服务器（也相当于一台路由器）。只要计算机连接到互联网上，就会有一个 IP 地址，查询本机 IP 地址的方法如下：

（1）单击【开始】按钮，在文本框中输入"cmd"命令，单击【确定】按钮，打开"命令提示符"窗口，运行"ipconfig"命令，在运行结果中可以看到本机的 IP 地址，网关地址等相关信息（图 4.1）。

## 第 4 章 网络扫描与监听技术

图 4.1 获取本机 IP 地址

图 4.2 显示 TCP/IP 网络状态

（2）运行"netstat -n"命令，可以监控 TCP/IP 网络的路由表、实际的网络连接以及每一个网络接口设备的状态信息。"netstat"用于显示与 IP、TCP、UDP 和 ICMP 协议相关的统计数据，一般用于检验本机各端口的网络连接情况（图 4.2）。

**2. 安装 FreePortScanner 端口扫描器**

（1）在文件夹中找到 FreePortScanner 端口扫描器的安装包，双击图标开始安装。

（2）单击【Next】按钮，进行下一步安装程序。

（3）单击【Browse】按钮，选择 FreePortScanner 端口扫描器的安装位置，此次选择的是 FreePortScanner 端口扫描器安装软件默认的安装路径"C:\Program Files（x86）\Nsasoft\FreePortScanner"，然后单击【Next】按钮，进行下一步安装程序。

（4）单击【Browse】按钮，选择 FreePortScanner 端口扫描器的开始菜单文件夹，默认为"FreePortScanner"，然后单击【Next】按钮，进行下一步安装程序。

（5）选择额外任务，勾选"Create a desktop icon"和"Create a Quick Launch icon"，然后单击【Next】按钮，进行下一步安装程序（图 4.3（a））。

（6）单击【Install】按钮进行下一步安装程序。

（7）单击【Finish】按钮，完成 FreePortScanner 端口扫描器的安装（图 4.3（b））。

（a）

（b）

图 4.3 FreePortScanner 扫描器的安装

**3. 利用 FreePortScanner 端口扫描器对指定 IP 的端口进行扫描**

（1）运行 FreePortScanner。

（2）在"IP"文本框中输入之前得到的实验主机的 IP 地址，然后勾选"Show Closed Ports"复选框，单击【Scan】按钮按默认的 TCP 端口范围开始扫描（图 4.4）。

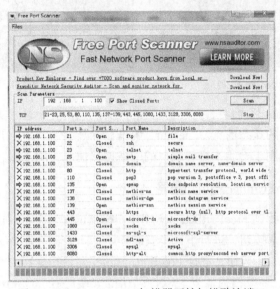

图 4.4  FreePortScanner 扫描器开始扫描默认端口

（3）默认扫描端口的对应说明。

①端口：21。

服务：FTP。

说明：端口 21 是 FTP 服务器所开放的端口，用于上传、下载此服务器带有可读/写的目录。木马 Doly Trojan、Fore、Invisible FTP、WebEx、WinCrash 和 Blade Runner 会开放此端口，是最常见的打开匿名 FTP 服务器的方法。

②端口：22。

服务：SSH。

说明：PcAnywhere 建立的 TCP 和这一端口连接可能是为了寻找 SSH。这一服务有许多弱点，如果配置成特定的模式，许多使用 RSAREF 库的版本就会存在不少漏洞。

③端口：23。

服务：Telnet。

说明：端口 23 用于远程登录，入侵者可搜索远程登录 UNIX 的服务。大多数情况下扫描这一端口是为了找到机器运行的操作系统；入侵者也会使用其他技术找到密码，木马 Tiny Telnet Server 就是用来开放这个端口的。

④端口：25。

服务：SMTP。

说明：用于 Email 邮件的发送协议端口。

⑤端口：53。

服务：DNS。

说明：DNS 服务器所开放的端口，入侵者可能是试图进行区域传递（TCP），欺骗 DNS（UDP）或隐藏其他的通信，因此防火墙常常过滤或记录此端口。

⑥端口：80。

服务：HTTP。

说明：端口 80 用于网页浏览。木马 Executor 会开放此端口。

⑦端口：99。

服务：Metagram Relay。

说明：后门程序 ncx99 会开放此端口。

⑧端口：110。

服务：POP3。

说明：端口 110 是为 POP3（邮件协议 3）服务开放的，POP3 主要用于接收邮件。

⑨端口：135。

服务：epmp。

说明：端口 135 主要用于使用 RPC（Remote Procedure Call，远程过程调用）协议并提供 DCOM（分布式组件对象模型）服务。

⑩端口：137、138、139。

服务：NETBIOS Name Service。

说明：端口 137、138 常被用于 UDP 连接以及通过网上邻居传输文件；端口 139 对通过该端口进入的连接试图获得 NetBIOS/SMB 服务，这个协议被用于 Windows 文件、打印机共享和 SAMBA，以及 WINS Regisrtation。

⑪端口：443。

服务：HTTPS。

说明：端口 443 为网页浏览端口，是能提供加密和通过安全端口传输的另一种 HTTP。

⑫端口：445。

服务：Microsoft-sd。

说明：端口 445 可以在局域网中轻松访问各种共享文件夹和共享打印机。

⑬端口：8080。

服务：HTTP。

说明：端口 8080 是为 HTTP 服务的备用端口。

⑭端口：119。

服务：Network News Transfer Protocol。

说明：端口 119 用于 NEWS 新闻组传输协议，承载 USENET 通信。这个端口的连接通常用于寻找 USENET 服务器。多数 ISP 限制，只有他们的客户才能访问他们的新闻组服务器。打开新闻组服务器将允许发/读任何人的帖子；访问被限制的新闻组服务器，匿名发帖或发送 SPAM。

（4）对实验主机指定范围的端口进行扫描。在"IP"文本框中输入之前得到的实验主机的 IP 地址，在"TCP"文本框中输入"1-20"，再勾选"Show Closed Ports"复选框，单击【Scan】按钮，按默认的 TCP 端口范围开始扫描（图 4.5）。

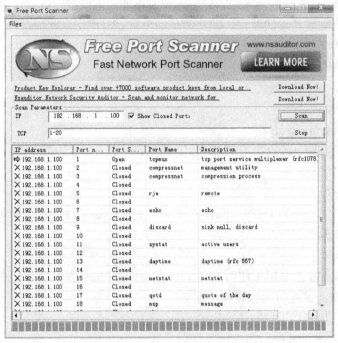

图 4.5　扫描指定端口

（5）只对目标主机开启的端口进行扫描。在"IP"文本框中输入要扫描的 IP 地址之后，取消勾选"Show Closed Ports"复选框，单击【Scan】按钮，在扫描完毕后，即可以从扫描结果中看到目标主机开启的端口（图 4.6）。

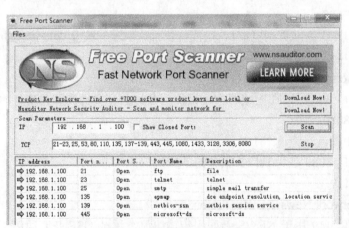

图 4.6　扫描目标主机端口

（6）对其他主机的 IP 端口进行扫描。在"IP"文本框中输入目标主机的 IP 地址，再勾选"Show Closed Ports"复选框，单击【Scan】按钮，按默认的 TCP 端口范围开始扫描（图 4.7）。

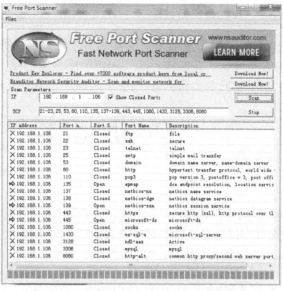

图 4.7 对其他主机的 IP 端口进行扫描

**4. 安装 ProtectX**

ProtectX 是一款在用户连接网络时保护本地计算机的工具，可以同时监视 20 个端口，还可以帮助追踪攻击者的来源。一旦有人尝试入侵连接到用户的计算机，即可发出声音警告并将入侵者的 IP 地址记录下来，可以防止黑客入侵。其安装步骤如下：

（1）运行安装程序，单击【Next】按钮，进行下一步安装程序。

（2）选择 ProtectX 的安装路径，然后单击【Next】按钮，进行下一步安装程序。

（3）按安装程序默认的方式选择 program group，之后单击【Next】按钮，进行下一步安装程序。

（4）单击【Install】按钮进行下一步安装程序。

（5）选择立即重启电脑，单击【Finish】按钮，完成安装（图 4.8）。

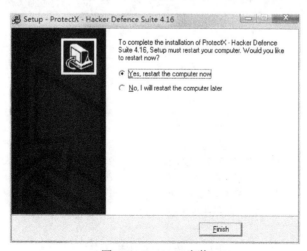

图 4.8 ProtectX 安装

## 5. 用 ProtectX 实现扫描的反击与追踪

（1）在 ProtectX 安装完毕后重启系统，即可在 Windows 系统的通知栏中看到 ProtectX 图标，双击它即可显示其操作界面，窗口中间显示的是当前计算机的状态信息，将 IP Log 设置为用于实验的主机的 IP 地址 190.168.1.100（图 4.9）。

图 4.9　ProtectX 的 IP 设置

（2）运行 ProtectX 对此电脑进行端口扫描（图 4.10（a））。

（3）ProtectX 截击到扫描信息，同时弹出警告窗口（图 4.10（b））。

图 4.10　ProtectX 截击到扫描信息

（4）在 ProtectX 安装目录下找到日志文件（图 4.11）。

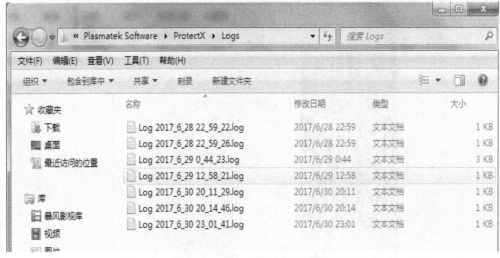

图 4.11　ProtectX 日志记录图

（5）打开进行扫描时的日志文件，可以看到进行扫描攻击者的 IP 地址，Malicious Users IP: 192.168.1.101（图 4.12）。

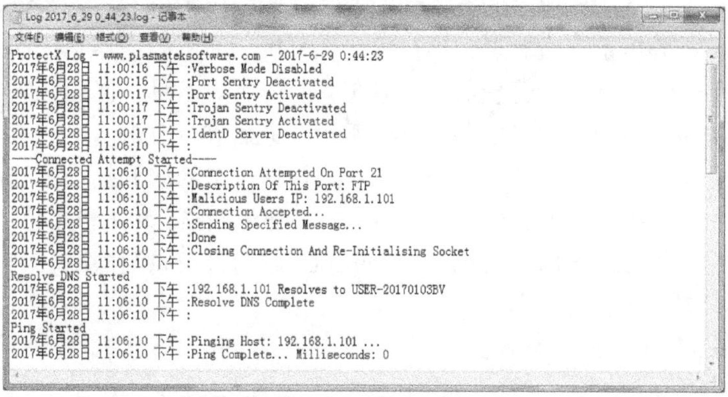

图 4.12　查询扫描攻击者 IP

### 4.1.6　实验总结

通过本次实验，可以掌握 FreePortScanner 端口扫描器的使用方法，加深对端口扫描的基本原理和作用的了解，对 TCP 等相关网络协议也有了进一步的理解与认识，同时，可以认识到默认开放端口存在的安全隐患。如果知道目标计算机上运行的操作系统和服务应用程序，就能利用已经发现的漏洞来进行攻击。如果目标计算机的网络安全管理与维护人员没有对这些漏洞及时修补的话，入侵者能轻而易举地闯入该系统，获得管理员权限，并留下后门。

如果入侵者得到目标计算机上的用户名后，能使用口令破解软件，多次试图登录目标计算机。经过尝试后，就有可能进入目标计算机。得到了用户名，就等于得到了一半的进入权限，剩下的只是使用软件进行攻击而已。端口安全的重要性可见一斑。

## 4.2　基于多种工具的 Web 漏洞扫描器的应用

### 4.2.1　实验目的

学会安装和配置常用的网络漏洞扫描器，尝试分析、评价不同扫描器的区别；在本实验中使用 Acunetix Web Vulnerability Scanner（WVS）、WebScarab 和 Burpsuite 扫描网站并生成漏洞分析报告；学会分析扫描结果，阅读漏洞扫描工具提供的扫描报告，并理解、分析报告中提出的漏洞及其解决方法。

### 4.2.2　实验原理和基础

**1. 漏洞扫描器简介**

1）基本概念

网络漏洞扫描器是指在 Internet 上远程检测目标网络和主机系统漏洞的程序，如

Satan、ISSIntenertScanner 等。一个漏洞扫描器应该有如下几个主要的功能：一是扫描目标主机，识别其工作状态（开/关机）；二是识别目标主机端口的状态（监听/关闭）；三是识别目标主机系统及服务程序的类型和版本，获取相应主机的一些系统信息；四是根据已知漏洞信息，分析系统脆弱点，进行脆弱性分析。漏洞扫描器是一柄双刃剑，它可以作为安全评估工具，是系统管理员保障系统安全的有效工具；然而，它也可以被网络入侵者利用，作为收集网络主机信息的重要手段，进而进行攻击。

漏洞扫描分为利用漏洞库的漏洞扫描和利用模拟攻击的漏洞扫描。利用漏洞库的漏洞扫描包括 CGI 漏洞扫描、POP3 漏洞扫描、FTP 漏洞扫描、SSH 漏洞扫描和 HTTP 漏洞扫描等。利用模拟攻击的漏洞扫描包括 Unicode 遍历目录漏洞探测、FTP 弱口令探测、OPENRelay 邮件转发漏洞探测等。

2）工作原理

网络漏洞扫描器通过远程检测目标主机 TCP/IP 不同端口的服务，记录目标给予的回答，以此收集目标主机的各种信息，如是否能用匿名登录、是否有可写的 FTP 目录、是否能用 Telnet、Httpd 是否在用 root 运行等。在获得目标主机 TCP/IP 端口及其对应的网络访问服务的相关信息后，网络漏洞扫描器与网络漏洞扫描系统提供的漏洞库进行匹配，若满足匹配条件，则视为漏洞存在。此外，通过模拟黑客的进攻手法，网络漏洞扫描器对目标主机系统进行攻击性的安全漏洞扫描，如测试弱势口令等，这也是扫描模块的实现方法之一，若模拟攻击成功，则视为漏洞存在。

网络扫描器的工作原理是：当用户通过控制平台发出扫描命令之后，控制平台即向扫描模块发出相应的扫描请求，扫描模块在接到请求之后立即启动相应的子功能模块，对被扫描主机进行扫描。通过对从被扫描主机返回的信息进行分析判断，扫描模块将扫描结果返回给控制平台，再由控制平台生成报表，并最终呈现给用户。

## 2. 工具简介

1）Acunetix Web Vulnerability Scanner

WVS 是一款商业级的 Web 漏洞扫描程序，它可以检查 Web 应用程序中的漏洞，如 SQL 注入、跨站脚本攻击、身份验证页上的弱口令长度等。它拥有一个操作方便的图形用户界面，并且能够创建专业级的 Web 站点安全审核报告。

WVS 自动地检查下面的漏洞和内容：

（1）版本检查，包括易受攻击的 Web 服务器及其技术。

（2）CGI 测试，包括检查 Web 服务器的问题，以及在服务器上是否启用了危险的 HTTP 方法，如 PUT、TRACE、DELETE 等。

（3）参数操纵，主要包括跨站脚本攻击（XSS）、SQL 注入攻击、代码执行、目录遍历攻击、文件入侵、脚本源代码泄漏、CRLF 注入、PHP 代码注入、XPath 注入、LDAP 注入、Cookie 操纵、URL 重定向、应用程序错误消息等。

（4）多请求参数操纵，主要包括 Blind SQL / XPath 注入攻击。

（5）文件检查，用来检查备份文件和目录，查找常见的文件（如日志文件、应用程序踪迹等），以及 URL 中的跨站脚本攻击，还要检查脚本错误等。

（6）目录检查，主要查看常见的文件，发现敏感的文件和目录，发现路径中的跨站脚本攻击等。

（7）Web 应用程序，用来检查特定 Web 应用程序的已知漏洞的大型数据库，如论坛、Web 入口、CMS 系统、电子商务应用程序和 PHP 库等。

（8）文本搜索，包括目录列表、源代码揭示、检查电子邮件地址、Microsoft Office 中可能的敏感信息、错误消息等。

（9）GHDB Google 攻击数据库，可以检查数据库中 1400 多条 GHDB 搜索项目。

（10）Web 服务，主要用于参数处理，包括 SQL 注入/Blind SQL 注入（即盲注攻击）、代码执行、XPath 注入、应用程序错误消息等。

使用该软件所提供的手动工具，还可以执行其他的漏洞测试，包括输入合法检查、验证攻击、缓冲区溢出等。

2）WebScarab

WebScarab 是基于 GNU 版本的协议，它记录检测到的会话内容（请求和应答），使用者可以通过多种形式来查看记录。WebScarab 的设计目的是让使用者可以掌握某种基于 HTTP 和 HTTPS 程序的运作过程,也可以用它来调试程序中较难处理的 bug，还可以帮助安全专家发现潜在的程序漏洞。

使用 Web Scarab 的目的是分析使用 HTTP 和 HTTPS 协议的应用程序框架。

3）Burpsuite

这是一个可以用于攻击 Web 应用程序的集成平台。Burp 套件允许一个攻击者将人工和自动的技术结合起来，以列举、分析、攻击 Web 应用程序，或利用这些程序的漏洞。各种各样的 Burp 工具协同工作，共享信息，并允许将一种工具发现的漏洞形成另外一种工具的基础。

### 4.2.3 实验环境

WVS、Burpsuite 可在 Windows 平台下运行。

WebScarab 需要在 Java 环境下运行，因此在安装 WebScarab 前应先安装好 Java 环境（JRE 或 JDK 均可）。

### 4.2.4 实验要求

需要注意的是，为了将 WebScarab 作为代理使用，需要配置浏览器，让浏览器将 WebScarab 作为其代理。可以通过 IE 的工具菜单完成配置工作：依次选择"工具"菜单→"Internet 选项"→"连接"→"局域网设置"来打开代理配置对话框。

同时，WVS 安装最低系统配置要求如下：

（1）操作系统为 Microsoft Windows XP 或较新版本；

（2）CPU 为 32 位或 64 位；

（3）系统内存最小为 2GB RAM；

(4)存储空间为 200M 可用磁盘空间;

(5)浏览器使用 IE7 或较新版本,Acunetix 会调用 IE 浏览器的部分组件;

(6)可选 Microsoft SQL Sever 作为报告数据库,默认使用 Access(不需安装)。

## 4.2.5 实验内容和步骤

**1. WVS**

1)安装 WVS

在官网上下载最新版 Acunetix Web Vulnerability Scanner,解压并双击【webvulmscan8.exe】进行安装。

安装完成后,有效安装目录如下(图 4.13):

C:\ProgramData\Acunetix WVS 8

C:\Users\someone\Documents\Acunetix WVS 8

C:\Users\Public\Documents\Acunetux WVS 8

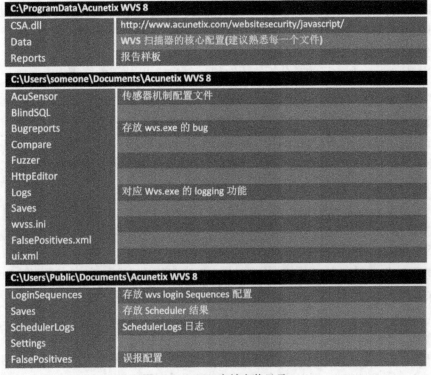

图 4.13　WVS 有效安装目录

2)扫描

打开软件,依次选择"文件"→"新建"→"网络扫描"。

(1)Scan Type。在 Website URL 中输入要扫描的网址。若要扫描单独的应用程序,则输入完整路径。本实验扫描的网址是"www.cug.edu.cn"(图 4.14(a))。

（2）Scan using saved crawling results。导入 WVS 内置 "site crawler tool" 的结果，然后进行漏洞扫描。

（3）Access the scheduler interface。如果需要扫描的网站构成了一个列表，那么可以使用 "Acunetix" 的 "Scheduler" 功能完成任务，访问 "http://localhost:8181"，扫描后的文件存放在 "C:\Users\Public\Documents\Acunetix WVS 8\Saves"（图 4.14（b））。

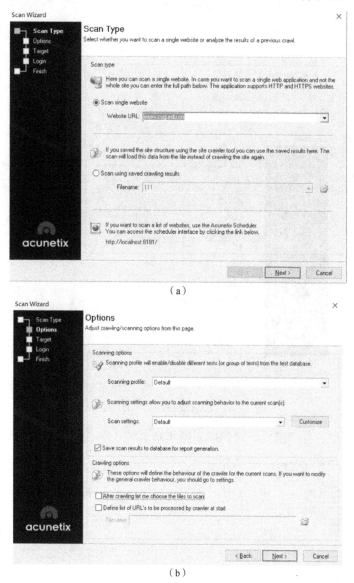

图 4.14　WVS 扫描设置

（4）Scanning profile。可设定扫描重点，配置文件位于 "C:\ProgramData\Acunetix WVS 8\Data\Profiles"，默认 15 种配置如图 4.15（a）所示（建议深入挖掘 WVS 的检测机制）。

（5）Scan settings。可定制扫描器扫描选项，如 Headers and Cookies、Parameter Exclusions、GHDB，这里都选择默认（图 4.15（b））。

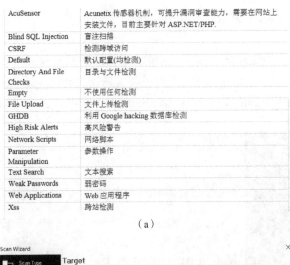

(a)

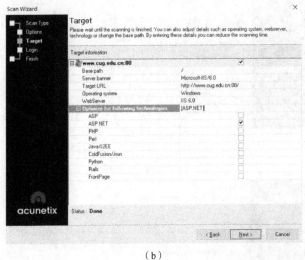

(b)

图 4.15 设定扫描重点和扫描选项

单击【确认】后,扫描器开始扫描(图 4.16)。

图 4.16 开始扫描

扫描完成,单击【Report】获取报告,报告分成几个部分(图 4.17)。

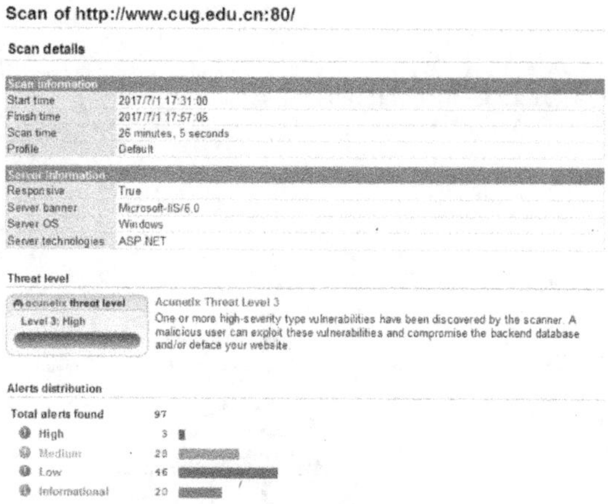

图 4.17 扫描报告

扫描细节、展示扫描的基本信息；分析报告给出了警告总结，当前扫描的网站总共有三大种类的漏洞警告：SQL 盲注入、"microsoft iis" 文件枚举漏洞、"Slow HTTP Denial Of Service Attack"；报告的左侧还有一些安全警告细节，在警告说明之后，提出了该漏洞的描述和影响，并给出了简单的建议。同时，报告也给出了一些参考网站资料（图 4.18）。

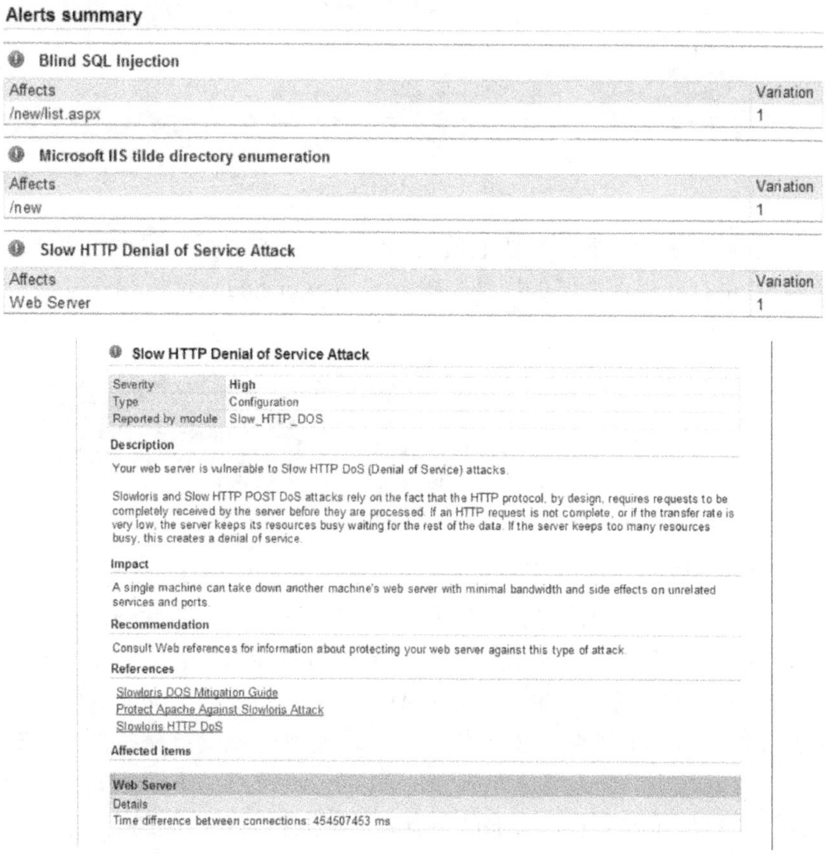

图 4.18 报告详单

## 2. WebScarab

将安装包解压后使用 JRE 运行程序（图 4.19）。

图 4.19　运行 JRE 安装 WebScarab

选择默认选项，单击【下一步】确认安装，为了方便这里选择默认安装途径（图 4.20）。

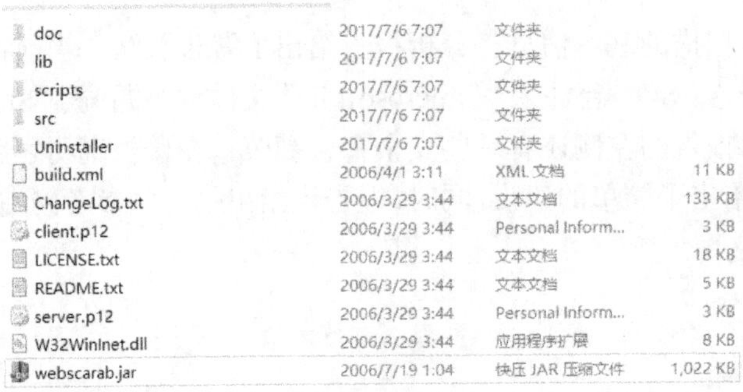

图 4.20　安装 WebScarab

对安装包内的"webscarab.jar"仍然使用 JRE 打开，打开后的界面如图 4.21 所示，接下来只要在 IE 中打开需要浏览的网址，输入"www.cug.edu.cn"。

图 4.21　输入网址

这里可以看到一个 URL 树，用来表示站点布局，以及经过 WebScarab 的各个会话。要想查看一个特定会话的详细信息，可以双击表中的一行，这时会弹出一个显示请求和响应的详细信息的窗口。可以通过多种形式来查看请求和响应，这里显示的是一个 Parsed 视图，报头被分解成一个表，且请求或响应的内容按照 Content-Type 报头进行显示（图 4.22）。此时还可以选择 Raw 格式，请求或响应就会严格按照它们的原始形态进行展示。

换而言之，这里显示的是获取页面的所有请求消息和需要修改的会话框，接着可以进行一些修改。

第 4 章 网络扫描与监听技术 · 83 ·

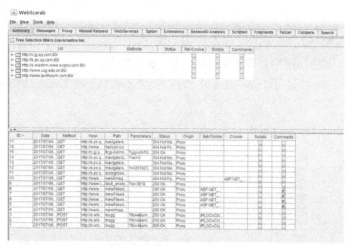

图 4.22　Parsed 视图

WebScarab 是一款很强大的 HTTP 消息分析工具，它可以让管理员清楚地观察到客户端的 HTTP 请求消息，同时支持对 HTTP 消息的修改编辑，很适合 Web 安全性篡改表单数据测试。

**3. Burpsuite**

首先要设置代理，之后在 IE 的 Internet 选项中进行代理服务器设置，注意要保持一致（图 4.23（a））。

现在需要在 IE 中转到要访问的网站，所有通过该地址的数据包都已经被截获了，而且在截获的过程中爬行了相关域名及路径，可以在截获数据包的时候进行改包和发送，forward 或 drop（图 4.23（b））。

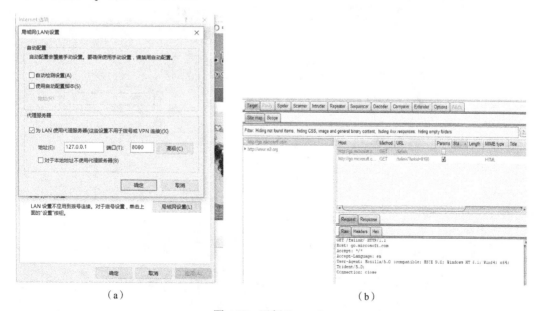

（a）　　　　　　　　　　　　　　（b）

图 4.23　运行 Burpsuite

单击【Scanner】有 4 个选项如下（图 4.24）：
（1）Options 筛选扫描的范围/静态代码分析/扫描的速度和频率等；
（2）Results 描述扫描中发现的各种漏洞、安全级别；
（3）Scan queue 描述了扫描的地址和扫描的进度/发现的 issue/发现的 error/切入点等；
（4）Live scanning 可以设置自主扫描或被动扫描，一般一个个扫描速度快，也可以自定义扫描的范围。

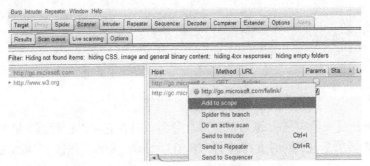

图 4.24　Scanner 标签

回到最初界面，右键想扫描的对象"Add to scope"，之后对对象单击右键就可以扫描了，扫描进度显示如图 4.25 所示。

图 4.25　Burpsuite 扫描

扫描结束后可以查看一些细节。同时，该软件还可以进行一些 Web 攻击。

**4. 对比**

对比三个软件，可以看到，WVS 注重网站的扫描、寻找漏洞和隐患，并对扫描结果提出较详细的建议和方法；WebScarab 主要接收 HTTP 消息请求，提供修改功能，是一款很强大的 HTTP 消息分析工具；Burpsuite 的攻击功能很强大，上手之后在多种功能上实用性更强但漏洞扫描功能对于用户来说比 WVS 实用性较弱一些，也更难一些。

### 4.2.6 实验总结

通过本实验可以了解基于多种工具的网络 Web 漏洞扫描的初步原理，并能进行一定的自主扫描活动，提升了动手实践的能力，以及搜索资料解决问题的能力。本实验的难点是配置环境变量。

## 4.3 使用 Wireshark 抓包及微信安全协议分析

### 4.3.1 实验目的

嗅探，又称抓包、监听。由于网络监听能对计算机的通信进行解码并使得它有意义，因此网络监听工具也因其"协议分析"特性而知名。

微信是日常生活中常用的一款即时通信软件，这样的一款国民级的应用，人们不免会对其背后的协议产生兴趣：服务器是如何与微信的客户端建立连接的？它们是否安全，是否受到保护？等等。本实验就是借助 Wireshark 抓包工具来分析 Web 版微信的客户端在建立连接时使用的协议以及它们采用了什么样的安全措施。

### 4.3.2 实验原理和基础

**1. Wireshark 的使用**

Wireshark（前称 Ethereal）是一款网络封包分析软件。网络封包分析软件的功能是撷取网络封包，并尽可能显示出最为详细的网络封包资料。Wireshark 使用 WinPCAP 作为接口，直接与网卡进行数据报文交换（图 4.26）。

常用按钮从左到右的功能依次是：

（1）列出可用接口。

（2）抓包时需要设置的一些选项，一般会保留最后一次的设置结果。

（3）开始新的一次抓包。

（4）暂停抓包。

（5）继续进行本次抓包。

（6）打开抓包文件。可以打开之前抓包保存后的文件。不仅可以打开 Wireshark 软件保存的文件，也可以打开 Tcpdump 使用-w 参数保存的文件。

（7）保存文件。对本次抓包或者分析的结果进行保存。
（8）关闭打开的文件。文件被关闭后，就会切换到初始界面。
（9）重载抓包文件。

图 4.26　Wireshark 功能界面

使用 Wireshark 时，会得到大量的冗余信息，在几千甚至几万条记录中，很难找到需要的部分，因此使用过滤是非常重要的。

过滤器会帮助管理员在大量的数据中迅速找到需要的信息。过滤器有两种，一种是显示过滤器，就是主界面上捕获的记录中找到所需要的记录；另一种是捕获过滤器，用来过滤捕获的封包，以免捕获太多的记录。过滤器可以在"Capture"→"Capture Filters"中设置。

在 Filter 栏上，填好 Filter 的表达式后，单击【Save】按钮（图 4.27），就可以保存过滤。

图 4.27　Wireshark 过滤器

**2. 网络协议分析**

1)网络协议

网络协议是网络上所有设备(网络服务器、计算机及交换机、路由器、防火墙等)之间通信规则的集合,它规定了通信时信息必须采用的格式和这些格式的意义。大多数网络都采用分层的体系结构,每一层都建立在它的下层之上,向它的上一层提供一定的服务,而把如何实现这一服务的细节对上一层加以屏蔽。网络协议使网络上各种设备能够相互兼容并交换信息。常见的协议有 TCP/IP 协议、IPX/SPX 协议、NetBEUI 协议等。

为了使不同计算机厂家生产的计算机能够相互通信,以便在更大的范围内建立计算机网络,国际标准化组织(ISO)在 1978 年提出了"开放系统互联参考模型",即著名的 OSI/RM 模型(Open System Interconnection/Reference Model)。它将计算机网络体系结构的通信协议划分为 7 层,自下而上依次为物理层(Physics Layer)、数据链路层(Data Link Layer)、网络层(Network Layer)、传输层(Transport Layer)、会话层(Session Layer)、表示层(Presentation Layer)、应用层(Application Layer)。

2)网络协议分析

用抓包工具学习网络协议不失为一种很实用的方法,这里以抓取的某一段报文为例加以说明(图 4.28)。

```
> Frame 8: 264 bytes on wire (2112 bits), 264 bytes captured (2112 bits) on interface 0
> Ethernet II, Src: RuijieNe_94:f5:8d (58:69:6c:94:f5:8d), Dst: IntelCor_8d:9c:71 (a0:88:69:8d
> Internet Protocol Version 4, Src: 101.201.173.115, Dst: 192.168.79.93
> Transmission Control Protocol, Src Port: 80, Dst Port: 61390, Seq: 1, Ack: 1, Len: 210
> Hypertext Transfer Protocol
> Line-based text data: text/plain
```

图 4.28 抓取一段报文

各行信息表述如下:

(1)Frame 表示物理层的数据帧概况;

(2)Ethernet II 表示数据链路层以太网帧头部信息;

(3)Internet Protocol Version 4 表示互联网层 IPV4 包头部信息;

(4)Transmission Control Protocol 表示传输层 T 的数据段头部信息;

(5)Hypertext Transfer Protocol 表示应用层的信息,此处是 HTTP 协议。

(6)Line-base text date:text/plain 表示应用层内容是以行为单位的纯文本数据。

例如,图 4.29 所示为一段 TCP 包中的传输层字段。

```
Source Port: 80
Destination Port: 61390
[Stream index: 1]
[TCP Segment Len: 0]
Sequence number: 211    (relative sequence number)
Acknowledgment number: 447    (relative ack number)
Header Length: 20 bytes
> Flags: 0x010 (ACK)
Window size value: 257
[Calculated window size: 257]
[Window size scaling factor: -1 (unknown)]
Checksum: 0x23c4 [unverified]
[Checksum Status: Unverified]
Urgent pointer: 0
> [SEQ/ACK analysis]
```

图 4.29 传输层字段

从上到下依次为源端口号、目的端口号。Sequence number 为 TCP 包序号，Acknowledgment number 为确认应答号，Header Length 为头长度，Flags 为标志位，Checksum 为校验和等。

3）TLS 的基本知识

安全传输层协议（TLS）用于在两个通信应用程序之间提供保密性和数据完整性。

TLS 协议包括 TLS 记录协议和 TLS 握手协议两个协议组，每组具有很多不同格式的信息。那么 TLS 位于 OSI 或 TCP/IP 模型中的哪一层呢？以下引自维基百科：

TLS and SSL are defined as "operating over some reliable transport layer", which places them as application layerprotocols in the TCP/IP reference model and as presentation layer protocols in the OSI model.

可以看出，在 OSI 模型中，TLS/SSL 位于表示层，在 HTTP（应用层）协议之下。

### 4.3.3 实验环境

PC，64 位 Windows 10 专业版，2.2.1.0 版 Wireshark。Web 版微信登录地址为 https://wx.qq.com/。

### 4.3.4 实验要求

（1）下载嗅探工具，成功安装。
（2）打开网页，测试抓包过程中运行无误。
（3）成功登录 Web 版微信。
（4）从数据包中找出建立连接时使用的 TLS/SSL 版本。
（5）成功找到客户端向服务器发送的数据包：

Client Hello

Client Key Exchange

Change Cipher Spec

Encrypted Handshake Message

Application Data

Encrypted Alert

以及服务器向客户端发送的数据包：

Server Hello

Certificate

Server Key Exchange

Server Hello Done

Change Cipher Spec

Encrypted Handshake Message

Application Data。

（6）打开并观察这些数据包，查找其中安全套接层（Security Socket Layer）的用途。例如，在 Client Hello 消息中找到的 TLS 的版本号、Random 数值，以及支持的密码算法；

在 Server Hello 消息中找到服务器发送来的证书链；在 Server Key Exchange 消息中的密钥交换协议；在 Client Key Exchange 消息中的密钥交换协议；等等。

（7）观察其中使用了何种加密算法，如对称加密算法 AES、DES，非对称加密算法 RSA，摘要算法 MD5、SHA，密钥交换算法 ECDH 等。

（8）概括整个协议的工作方式，如何进行身份确认？如何确保数据的私密性？如何保证数据的完整性？并概括主要工作流程。

（9）思考它们是怎样建立联系并能保证通信安全的。

## 4.3.5　实验内容和步骤

下载并安装 Wireshark（图 4.30），打开 Wireshark，选择联网的网络（图 4.31）。

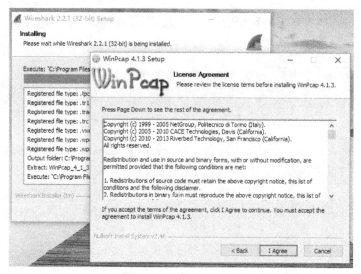

图 4.30　安装 Wireshark

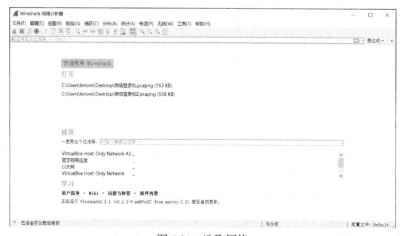

图 4.31　选取网络

单击蓝色开始键，开始抓包（停止抓包也是此按钮）（图 4.32）。

图 4.32 开始抓包

在浏览器打开微信客户端。需要说明的是，Web 版微信需要用手机扫码登录，即在手机上确认登录 Web 版微信（图 4.33）。

图 4.33 登录 Web 版微信

完成以上操作后，单击停止按钮停止抓包，即可看到抓包的具体内容（图 4.34）。

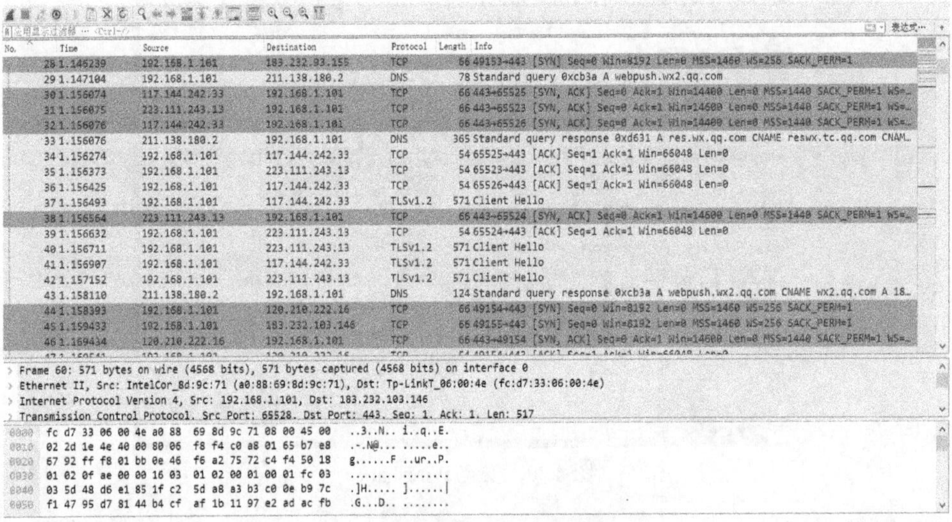

图 4.34 部分抓包内容截图

其中，找到一个微信登录 DNS 包（图 4.35）。

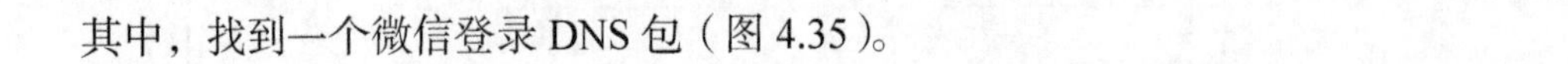

图 4.35 微信登录 DNS

打开 DNS 包进行解析（图 4.36）：

（1）Transaction ID 为标识字段，2 字节，用于辨别 DNS 应答报文是哪个请求报文的响应；

（2）Flags 标志字段，2 字节，每一位的含义不同；

（3）Quetions（问题数），2 字节；

（4）Answer RRs（资源记录数）、Authority RRs（授权资源记录数）、Additional RRs（额外资源记录数）通常为 0；

（5）字段 Queries 为查询或者响应的正文部分，分为 Name（查询名称）、Type（查询类型，2 字节，这里是 A，说明为 IPv4 地址）、Class（类，2 字节，这里是 IN，表示 Internet 数据）。

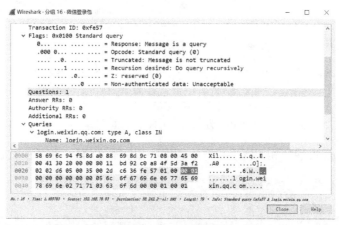

图 4.36　DNS 包解析

其中，第一个 Client Hello 消息是客户端要建立一个 HTTP 连接时要发送的一个消息（图 4.37）。

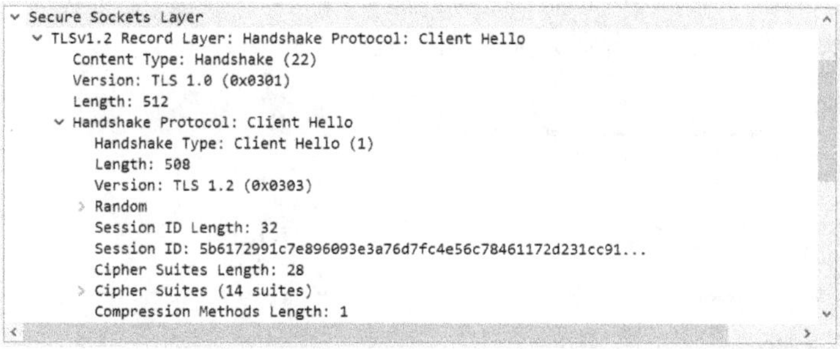

图 4.37　Client Hello 消息

观察 Protocol，其结构如下：

（1）Version 表示客户端支持的最高版本的 TLS 协议；

（2）Random 表示客户端生成的随机数，用于之后生成会话密钥；

（3）Cipher Suites 表示支持的加密算法，将其展开后如图 4.38 所示。

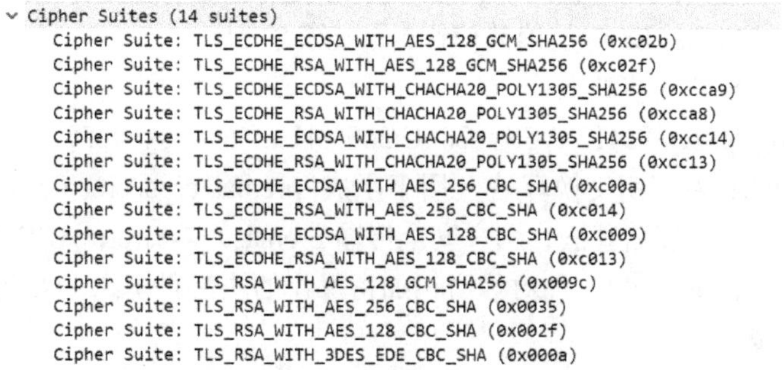

图 4.38　Cipher Suites 支持的加密算法

在登录时间段发现多个本地微信客户端发起的 Client Hello 请求，目标 IP 有很多个。客户端会向多个腾讯服务器发送请求，成功应答后建立起连接（图 4.39）。

```
37 1.156493    192.168.1.101    117.144.242.33    TLSv1.2    571 Client Hello
40 1.156711    192.168.1.101    223.111.243.13    TLSv1.2    571 Client Hello
41 1.156907    192.168.1.101    117.144.242.33    TLSv1.2    571 Client Hello
42 1.157152    192.168.1.101    223.111.243.13    TLSv1.2    571 Client Hello
48 1.169809    192.168.1.101    120.210.222.16    TLSv1.2    571 Client Hello
51 1.173646    192.168.1.101    183.232.103.146   TLSv1.2    571 Client Hello
54 1.174014    192.168.1.101    183.232.103.146   TLSv1.2    571 Client Hello
59 1.174383    192.168.1.101    183.232.103.146   TLSv1.2    571 Client Hello
60 1.174605    192.168.1.101    183.232.103.146   TLSv1.2    571 Client Hello
```

图 4.39　发起多个 Client Hello 请求

追踪 SSL 流，过滤掉相对无关的包，选取一段完整的 TLS 相关的数据包（图 4.40）。

```
100 1.197900   192.168.1.101    183.232.93.155   TLSv1.2    571 Client Hello
137 1.239743   183.232.93.155   192.168.1.101    TLSv1.2    1494 Server Hello
139 1.239745   183.232.93.155   192.168.1.101    TLSv1.2    1494 Certificate[TCP segment of a reassembled PDU]
140 1.239746   183.232.93.155   192.168.1.101    TLSv1.2    301 Server Key Exchange Server Hello Done
158 1.282495   192.168.1.101    183.232.93.155   TLSv1.2    180 Client Key Exchange, Change Cipher Spec, Hello Request, Hello Request
171 1.322094   183.232.93.155   192.168.1.101    TLSv1.2    312 New Session Ticket, Change Cipher Spec, Encrypted Handshake Message
208 1.773890   192.168.1.101    183.232.93.155   TLSv1.2    784 Application Data
211 1.822271   183.232.93.155   192.168.1.101    TLSv1.2    517 Application Data
212 1.822273   183.232.93.155   192.168.1.101    TLSv1.2    85 Encrypted Alert
```

图 4.40　选取 TLS 数据包

服务器端收到 Client Hello 消息后，如果有支持的 TLS 版本和相关算法，会回复客户端一个 Server Hello 消息；否则会关闭加密通信（图 4.41）。

```
∨ Secure Sockets Layer
  ∨ TLSv1.2 Record Layer: Handshake Protocol: Server Hello
      Content Type: Handshake (22)
      Version: TLS 1.2 (0x0303)
      Length: 76
    ∨ Handshake Protocol: Server Hello
        Handshake Type: Server Hello (2)
        Length: 72
        Version: TLS 1.2 (0x0303)
      > Random
        Session ID Length: 0
        Cipher Suite: TLS_ECDHE_RSA_WITH_AES_128_GCM_SHA256 (0xc02f)
        Compression Method: null (0)
        Extensions Length: 32
      > Extension: renegotiation_info
      > Extension: ec_point_formats
      > Extension: SessionTicket TLS
      > Extension: Application Layer Protocol Negotiation
```

图 4.41　回复客户端一个 Server Hello 消息

Protocol Version 是此次加密所用的 TLS 版本；Random 是服务器生成的随机数，用于产生会话密钥；Cipher Suite 是确认使用的加密算法。

如本次抓包发现的内容如下：

TLS_ECDHE_RSA_WITH_AES_128_GCM_SHA256（0xc02f）

其中，ECDHE 为密钥交换算法，用于生成 premaster_secret（用于生成会话密钥 master secret）；RSA 为签名算法，用户安全传输 premaster_secret；AES_128 为连接建立后的数据加密算法；GCM 为一种对称密钥加密操作的块密码模式；Compression Method 为使用的压缩算法。

打开 Random 可以发现如图 4.42 所示时间戳和随机数。

```
∨ Random
    GMT Unix Time: Jun  5, 1992 20:51:56.000000000 ❚❙❍❚❚❚❚ʰ❚❚
    Random Bytes: 448a73b9bc33a403fddd5d3eaf4f89fc1a91696eae201d7e...
```

图 4.42  时间戳和随机数

上面的是时间戳（4 字节），下面的是随机数（28 字节）。

下面这条消息将会在服务器发送 Server Hello 后立即发送给客户端，用于携带服务器证书信息。证书是一个链，从最底层一直到最顶层，表示认证的机构。证书一般采用 X.509 标准（图 4.43）。

```
∨ Secure Sockets Layer
  ∨ TLSv1.2 Record Layer: Handshake Protocol: Certificate
      Content Type: Handshake (22)
      Version: TLS 1.2 (0x0303)
      Length: 4134
    ∨ Handshake Protocol: Certificate
        Handshake Type: Certificate (11)
        Length: 4130
        Certificates Length: 4127
      ∨ Certificates (4127 bytes)
          Certificate Length: 1542
        > Certificate: 308206023082204eaa003020102021075ac406025d3ede358... (id-at-commonName=tajs.qq.com,id-at-organizationalUnitName=R&D,id-at-organizati
          Certificate Length: 1340
        > Certificate: 308205383082020420a003020102021051fb9743870b73440... (id-at-commonName=Symantec Class 3 Secure Server CA - G4,id-at-organizationalUn
          Certificate Length: 1236
        > Certificate: 308204d030820439a003020102021025ce8e030612e9f2b... (id-at-commonName=VeriSign Class 3 Public Primary Certification ,id-at-organiza
```

图 4.43  服务器证书

Server Key Exchange 这条消息是用于会话密钥（premaster secret）生成的，是用来发送密钥交换算法相关参数和数据的，这条消息不是必须的，只有在客户端与服务器端双方协商采用的加密算法是 DHE_DSS、DHE_RSA、DH_anon，Server Certificate 消息中的服务器证书中的信息不足以生成 premaster secret 时，服务器端才需要发送此消息（图 4.44）。

```
∨ Secure Sockets Layer
  ∨ TLSv1.2 Record Layer: Handshake Protocol: Server Key Exchange
      Content Type: Handshake (22)
      Version: TLS 1.2 (0x0303)
      Length: 333
    ∨ Handshake Protocol: Server Key Exchange
        Handshake Type: Server Key Exchange (12)
        Length: 329
      ∨ EC Diffie-Hellman Server Params
          Curve Type: named_curve (0x03)
          Named Curve: secp256r1 (0x0017)
          Pubkey Length: 65
          Pubkey: 04e151cbaac709d1689e0df0236c20bf47b04c31eb21e56b...
        > Signature Hash Algorithm: 0x0601
          Signature Length: 256
          Signature: a93115fa2871b800962e4cee41661aa37a68facfffd4f605...
∨ Secure Sockets Layer
  ∨ TLSv1.2 Record Layer: Handshake Protocol: Server Hello Done
```

图 4.44  Server Key Exchange

Hello Done 这条消息由服务器端发送，表示服务器端已经完成了为支持密钥交换（生成 premaster key）所做的事情，下面开始等待客户端为密钥交换所要发的消息。客户端在收到此消息后，要验证服务器端证书是否合法，过期或不合法浏览器会发出提示警告。

下面是客户端对 Server Key Exchange 的回应，用于交换密钥需要的参数。和服务器一样，不同的密钥交换算法实现是不一样的，因此需要的参数也是有差异的（图 4.45）。

```
∨ TLSv1.2 Record Layer: Handshake Protocol: Client Key Exchange
    Content Type: Handshake (22)
    Version: TLS 1.2 (0x0303)
    Length: 70
  ∨ Handshake Protocol: Client Key Exchange
      Handshake Type: Client Key Exchange (16)
      Length: 66
    ∨ EC Diffie-Hellman Client Params
        Pubkey Length: 65
        Pubkey: 04f9966593115d014e7574d0a0d54becc68bf6d3ba62898d...
```

图 4.45　客户端对 Server Key Exchange 的回应

可以看出，这里用的是 ECDH 交换算法。

经过以上的步骤，Server Client 已经将服务器认证的相关工作做完，密文函数和密钥交换需要的参数也都相互传递了。接下来就是各自用 PRF（Pseudo-Random Function）算法生成加密密钥，这个函数是一个对多因子多次迭代摘要运算等的实现。

至此，客户端和服务器就完成了密钥相关的交换。

下面，开始客户端切换成密文模式（图 4.46）。

```
∨ TLSv1.2 Record Layer: Change Cipher Spec Protocol: Change Cipher Spec
    Content Type: Change Cipher Spec (20)
    Version: TLS 1.2 (0x0303)
    Length: 1
    Change Cipher Spec Message
```

图 4.46　切换成密文模式

接下来客户端发送握手结束通知，同时会带上前面所发内容的签名到服务器端，保证前面通信数据的正确性（图 4.47）。

```
∨ Secure Sockets Layer
  ∨ TLSv1.2 Record Layer: Handshake Protocol: New Session Ticket
      Content Type: Handshake (22)
      Version: TLS 1.2 (0x0303)
      Length: 202
    > Handshake Protocol: New Session Ticket
  ∨ TLSv1.2 Record Layer: Change Cipher Spec Protocol: Change Cipher Spec
      Content Type: Change Cipher Spec (20)
      Version: TLS 1.2 (0x0303)
      Length: 1
      Change Cipher Spec Message
  ∨ TLSv1.2 Record Layer: Handshake Protocol: Encrypted Handshake Message
      Content Type: Handshake (22)
      Version: TLS 1.2 (0x0303)
      Length: 40
      Handshake Protocol: Encrypted Handshake Message
```

图 4.47　客户端发送握手结束通知

服务器端收到 Client Key Exchange Message 通知后即可通知客户端，后面的通信数据用 Change Cipher Spec 密钥加密。

服务器端发送握手结束通知 Encrypted Handshake Message，同时会带上前面所发内容的签名到客户端，保证前面通信数据的正确性。

如图 4.48 所示，Application Data 分别是客户端和服务器相互传输的密文数据；Encrypted Alert 为加密警报，实际是通话结束的标志。

| | | | | |
|---|---|---|---|---|
| 208 1.773890 | 192.168.1.101 | 183.232.93.155 | TLSv1.2 | 784 Application Data |
| 211 1.822271 | 183.232.93.155 | 192.168.1.101 | TLSv1.2 | 517 Application Data |
| 212 1.822273 | 183.232.93.155 | 192.168.1.101 | TLSv1.2 | 85 Encrypted Alert |

图 4.48　密文数据及通话结束

总的来说，整个过程可以理解为对两大主要问题的解决：一是客户端要对服务器进行认证；二是要交换加密算法和密钥。

为了实现保密通信可使用如下工作方式：

（1）通过签名证书进行通信双方的身份验证；

（2）通过使用非对称加密算法与 Hash 算法生成的私密会话密钥加密数据来保证数据的私密性；

（3）通过使用私密的会话密钥与 Hash 算法保证数据不被篡改，因为攻击者无会话密钥，所以无法在修改数据后得到对应的数据检验码。

主要流程如表 4.1 所示，客户端发起对话→服务器应答→服务器将证书给客户端→服务器给客户端密钥相关信息→客户端给服务器秘密钥相关→对话转化成密文形式→客户端对 Handshake Message 加密→服务器对 Handshake Message 加密→客户端向服务器发送密文数据→服务器向客户端发送密文数据→对话结束。

表 4.1　会话流程表

| Client | Server |
|---|---|
| Client Hello –> | |
| | <– Server Hello |
| | <– Certificate |
| | <– Server Key Exchange |
| | <– Server Hello Done |
| Client Key Exchange –> | |
| Change Cipher Spec –> | |
| Encrypted Handshake Message –> | |
| | <– Change Cipher Spec |
| | <– Encrypted Handshake Message |
| Application Data –> | |
| | <– Application Data |
| Encrypted Alert –> | |

## 4.3.6　实验总结

用抓包的方式研究协议时，会出现大量的信息，首先要对协议有一定的了解，在过滤时方能准确地知道自己想要的数据包是什么样的；其次要对过滤规则和正则表达式有一定了解。在操作过程中尽量断开接入网络的其他设备，关闭其他可能产生流量的应用。

很多对话过程是不完整的或者不是目前需要学习的内容，所以初学时要先了解一定的与 TLS 协议相关的内容，然后对所有客户端试图连接的服务器 IP 进行筛选。

从抓取的报文中分析协议是能了解到其连接过程的，但有些内容，如加密算法、密钥交换算法、服务器向客户端传输的证书、生成密钥的随机数是如何产生的等，都无法从协议中了解。所以，通过抓包学习协议更重要的是根据报文指导查找和学习其中涉及的知识。

由于篇幅有限，在此只对客户端和服务器是如何建立安全连接的相关内容做了详细介绍。消息传输过程、发送图片、语音、红包等都可以通过抓包的过程来学习，留给读者作为课后的思考和后续实验。

## 4.4 基于 Fiddler 抓包工具的 HTTP/HTTPS 协议分析

### 4.4.1 实验目的

了解并熟悉监听抓包软件 Fiddler2 的基本原理及使用方法，理解 HTTP/HTTPS 协议。动手尝试使用 Fiddler2 软件抓取 HTTP/HTTPS 协议包，并对协议报文进行简单的分析。

### 4.4.2 实验原理和基础

**1. HTTP 协议**

HTTP（Hyper Text Transfer Protocol，超文本传输协议）是互联网上应用最为广泛的一种网络协议。所有的 WWW 文件都必须遵守这个标准。设计 HTTP 最初的目的是为了提供一种发布和接收 HTML 页面的方法。

计算机系统中有一个专门为 HTTP 开放的 80 端口，主要用于万维网传输信息的协议。每个万维网网点（可以是计算机）都有一个服务器进程来监听 TCP 的 80 端口，一旦发现浏览器向它发出连接建立请求，继而建立 TCP 连接，浏览器就向万维网服务器发出浏览某个网页的请求，服务器就接着返回所请求的页面作为响应。最后，TCP 连接被释放。

HTTP 使用了面向连接的 TCP 作为运输层协议，保证了数据的可靠传输，但是 HTTP 协议不考虑丢失重传。HTTP 协议本身是无连接的，虽然使用 TCP 连接，但是通信的双方在交换 HTTP 报文之前不需要先建立 HTTP 连接。HTTP 协议是无状态的（stateless）。也就是说，同一个客户第二次访问同一个服务器上的页面时，服务器的响应与第一次被访问时相同。HTTP 的无状态特性，使服务器支持大量并发的 HTTP 请求。

**2. HTTPS 协议**

HTTPS（Hyper Text Transfer Protocol over Secure Socket Layer），是以安全为目标的

HTTP 通道，简单讲是 HTTP 的安全版。即 HTTP 下加入 SSL 层，HTTPS 的安全基础是 SSL，因此加密的详细内容就需要 SSL。它是一个 URI Scheme（抽象标识符体系），句法类同 HTTP 体系，用于安全的 HTTP 数据传输。HTTPS:URL 表明它使用了 HTTP，但 HTTPS 存在不同于 HTTP 的默认端口及一个加密/身份验证层（在 HTTP 与 TCP 之间）。这个系统的最初研发由网景公司（Netscape）进行，并内置于其浏览器 Netscape Navigator 中，提供了身份验证与加密通信方法。

**3. Fiddler 抓包工具**

Fiddler 是位于客户端和服务器端的 HTTP 代理，也是目前最常用的 HTTP 抓包工具之一。它能够记录客户端和服务器之间的所有 HTTP 请求，可以针对特定的 HTTP 请求，分析请求数据、设置断点、调试 Web 应用、修改请求的数据，甚至可以修改服务器返回的数据，功能非常强大，是 Web 调试的利器。凡是支持 HTTP 代理的任意程序的数据包都能被 Fiddler 嗅探到，Fiddler 的运行机制其实就是本机上监听 8888 端口的 HTTP 代理。既然是代理，也就是说，客户端的所有请求都要先经过 Fiddler，然后转发到相应的服务器；反之，服务器端的所有响应，也都会先经过 Fiddler，然后发送到客户端。基于这个原因，Fiddler 支持所有可以设置 HTTP 代理为 127.0.0.1:8888 的浏览器和应用程序。

**4. Fiddler 抓取 HTTPS 协议的主要步骤**

Fiddler 抓取 HTTPS 协议主要由以下几步进行：

（1）Fiddler 截获客户端发送给服务器的 HTTPS 请求，Fiddler 伪装成客户端向服务器发送请求进行握手。

（2）服务器发回响应，Fiddler 获取到服务器的 CA 证书，用根证书公钥进行解密，验证服务器数据签名，获取到服务器 CA 证书公钥。然后，Fiddler 伪造自己的 CA 证书，冒充服务器证书传递给客户端浏览器。

（3）与普通过程中客户端的操作相同，客户端根据返回的数据进行证书校验，生成密码 Pre_master，用 Fiddler 伪造的证书公钥加密，并生成 HTTPS 通信用的对称密钥 enc_key。

（4）客户端将重要信息传递给服务器，又被 Fiddler 截获。Fiddler 将截获的密文用自己伪造的证书私钥解开，获得并计算得到 HTTPS 通信用的对称密钥 enc_key。Fiddler 将对称密钥用服务器证书公钥加密传递给服务器。

（5）与普通过程中服务器端的操作相同，服务器用私钥解开后建立信任，然后发送加密的握手消息给客户端。

（6）Fiddler 截获服务器发送的密文，用对称密钥解开，再用自己伪造的证书私钥加密传给客户端。

（7）客户端拿到加密信息后，用公钥解开，验证 Hash。握手过程正式完成，客户端与服务器端就这样建立了"信任"。

在之后的正常加密通信过程中，Fiddler 如何在服务器与客户端之间充当第三者呢？

服务器→客户端：Fiddler 接收到服务器发送的密文，用对称密钥解开，获得服务器发送的明文。再次加密，发送给客户端。

客户端→服务端：客户端用对称密钥加密，被 Fiddler 截获后，解密获得明文。再次加密，发送给服务器端。

由于 Fiddler 一直拥有通信用对称密钥 enc_key，所以在整个 HTTPS 通信过程中信息对其透明。

### 4.4.3 实验环境

PC，Windows 10 操作系统，http 协议调试代理工具（抓包工具）Fiddler，Internet 环境，IE 浏览器。

### 4.4.4 实验要求

（1）了解 Fiddler 软件的工作调试环境，了解 Fiddler 软件的一般使用步骤，熟悉 Fiddler 软件的的会话列表、工具栏、命令行工具的作用，以及利用检查器（Inspectors）查看请求报文（HTTP Request）和响应报文（HTTP Response）的各类详细信息不同窗口间的切换和选取，学会灵活运用 Filters 设置会话过滤规则，并且结合 Fiddler 的统计功能（Statistics）查看加载一个网站的各不同模块所需时间的差距，以及使用 Timeline 查看报文网络请求时间消耗的不同。

（2）通过使用 Fiddler 软件抓取 HTTP 报文，并根据 HTTP 协议原理所说的内容，对抓取到的 HTTP 报文与原理中内容进行详细匹配。更加深入地了解原理中 HTTP 报文头具体是如何实现的。观察具体报文头的各参数，更加深入地了解各参数在网络中的作用，例如，请求报文头中 Accept 参数支持类型分别表示什么，其优先顺序是从左到右还是从右到左？又如，响应报文中"Vary：Accept-Encoding"语句对网站速度的性能优化有何意义？尝试通过设置中断截取并修改相关信息以达到与正常操作相同的效果。

（3）通过使用 Fiddler 得到 HTTPS 报文，并通过设置和安装证书的方式对 HTTPS 报文进行解密，得到 HTTPS 报文的明文。深入了解 HTTPS 协议中各个步骤。

（4）通过实际操作了解协议是如何保证其安全性的，以及 Fiddler 是如何利用一些设置及证书破解 HTTPS 报文的。对比 HTTPS 报文头和 HTTP 报文头的区别。尝试通过设置中断修改 HTTPS 请求报文。

### 4.4.5 实验内容和步骤

**1. HTTP 分析**

1）打开软件

先打开 Fiddler2 软件，Fiddler2 启动的时候默认 IE 的代理设为 127.0.0.1:8888。

打开"Internet"选项，单击【连接】→【局域网设置】→【代理服务器】→【高级】，可以看到 HTTP 和 HTTPS 已经设置好了，代理服务器地址为 127.0.0.1:8888。Windows 10 中也可以单击【设置】→【网络与 Internet】→【代理】→【手动设置代理】，看到使用代理服务器地址为"http=127.0.0.1:8888;https=127.0.0.1:8888"（图4.49）。

图4.49 打开Fiddler软件并设置代理

可以看到，当打开Fiddler2.exe时，马上出现Fiddler软件的链接用于检查更新。

左下角监听开关有两种状态，capturing表示捕捉状态，点一下后变空白，表示关闭。这里要设置为监听状态。

监听开关旁边有监听类型，监听类型有4种状态分别对应监听所有请求（All Processes）、监听浏览器请求（Web Browser）、监听非浏览器请求（Non-Browser）和全部隐藏（Hide All），这里设置为监听浏览器请求（图4.50）。

图4.50 监听类型

2）开始监听与分析

打开浏览器（这里用的是Windows 10自带的Microsoft Edge浏览器）。

在地址栏键入"www.zhsan.com"，以此网站为例，这个网站只用了HTTP，没有用HTTPS协议（图4.51）。

图 4.51　打开网站

切换到 Fiddler 中，可以看到左边会话列表里有一系列的请求，会话列表的信息分别有编号与 icon（#）、结果（Result）、协议（Protocol）、主机域名（Host）、网页地址（URL）、内容大小（Body）、缓存（Caching）、响应的 HTTP 内容类型（Content-Type）、请求所运行的程序（Process）、注释（Comments）、自定义（Custom）。

其中 Fiddler 会话列表的 icon 对应具体的数据类型和状态，其含义如图 4.52 所示。

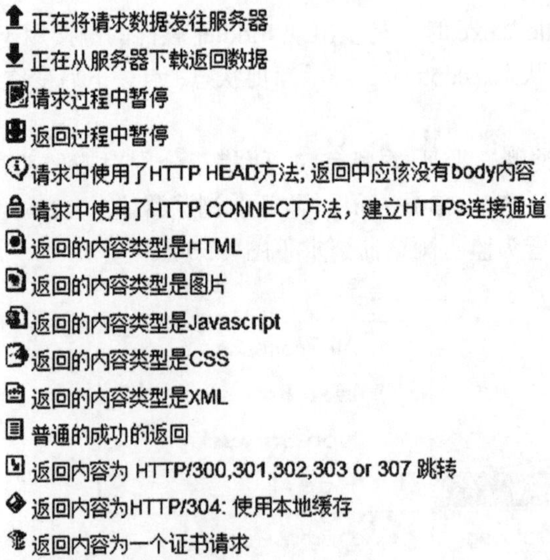

　　↑ 正在将请求数据发往服务器
　　↓ 正在从服务器下载返回数据
　　■ 请求过程中暂停
　　■ 返回过程中暂停
　　① 请求中使用了 HTTP HEAD 方法；返回中应该没有 body 内容
　　🔒 请求中使用了 HTTP CONNECT 方法，建立 HTTPS 连接通道
　　■ 返回的内容类型是 HTML
　　■ 返回的内容类型是图片
　　■ 返回的内容类型是 Javascript
　　■ 返回的内容类型是 CSS
　　■ 返回的内容类型是 XML
　　■ 普通的成功的返回
　　■ 返回内容为 HTTP/300,301,302,303 or 307 跳转
　　◆ 返回内容为 HTTP/304：使用本地缓存
　　■ 返回内容为一个证书请求
　　▲ 返回内容是服务器错误
　　■ 请求被客户端、Fiddler 或服务器中断

图 4.52　数据类型及状态

右边的是信息显示栏，上半部分是请求信息显示栏（request），下半部分是响应信息显示栏（response）（图 4.53）。

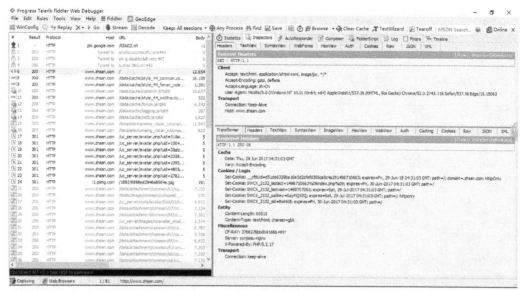

图 4.53 窗口组成

先看第一个域名是"www.zhsan.com"的会话的请求报文头，单击要查询的会话，在右边点选"Inspectors"→"Headers"可以看到请求报文头，可以单击"Request Headers"同行右边的【Raw】，单独查看请求报文头；也可以单击与"Headers"同行的【Raw】查看请求报文的全部内容。

请求报文全部内容如图 4.54 所示。

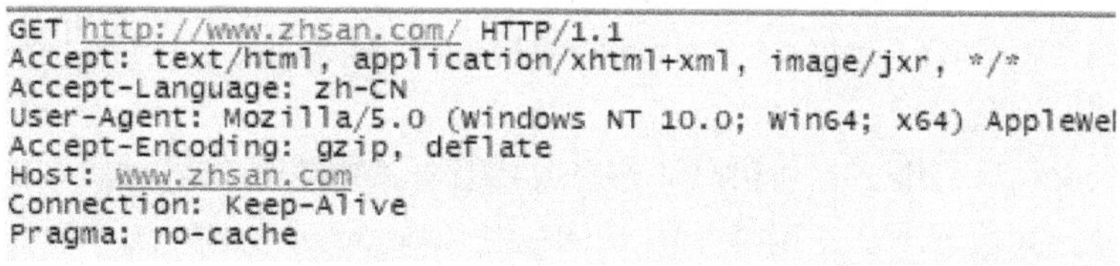

图 4.54 请求报文全部内容

GET http://www.zhsan.com/ HTTP/1.1 ｛方法：GET URL；在 headers 中查看的时候为"/"，全部查看时为主机域名；协议版本为 HTTP/1.1｝

Accept: text/html，application/xhtml+xml，image/jxr，*/* ｛浏览器支持的 MIME 类型分别是 text/html、application/xhtml+xml、application/xml 和 */*，优先顺序是它们从左到右的排列顺序｝

Accept-Language: zh-CN ｛浏览器支持的语言是中文｝

User-Agent: Mozilla/5.0（Windows NT 10.0；Win64；x64）AppleWebKit/537.36（KHTML，like Gecko）Chrome/52.0.2743.116 Safari/537.36 Edge/15.15063 ｛用户使用的平台、浏览器｝

Accept-Encoding: gzip，deflate ｛浏览器支持的压缩编码是 gzip 和 deflate｝

Host: www.zhsan.com ｛Host 表示请求的服务器网址｝

Connection: Keep-Alive ｛客户端与服务连接类型，Keep-Alive 表示持久连接｝

Pragma: no-cache ｛设置浏览器数据内容不缓存｝

接下来可以查看与之对应的响应报文头，查看方式类似上面的请求报文，响应报文由响应报文头和报文主体组成，报文主体为接受的 HTML 格式的文档，这里只查看响应报文头。

响应报文头如图 4.55 所示。

```
HTTP/1.1 200 OK
Date: Thu, 29 Jun 2017 06:37:26 GMT
Content-Type: text/html; charset=gbk
Connection: keep-alive
Set-Cookie: __cfduid=dc15b0f626ae469e03ff5f22f2e493cc81498718246; expires=Fri, 29-Jun-18 06:37:26 GMT; path=/; domain=.zhsan.com; HttpOnly
Vary: Accept-Encoding
X-Powered-By: PHP/5.2.17
Set-Cookie: SWCX_2132_saltkey=t852zz5y; expires=Sat, 29-Jul-2017 06:37:26 GMT; path=/; httponly
Set-Cookie: SWCX_2132_lastvisit=1498714646; expires=Sat, 29-Jul-2017 06:37:26 GMT; path=/
Set-Cookie: SWCX_2132_sid=t4dR4d; expires=Fri, 30-Jun-2017 06:37:26 GMT; path=/
Set-Cookie: SWCX_2132_lastact=1498718246%09index.php%09; expires=Fri, 30-Jun-2017 06:37:26 GMT; path=/
Server: yunjiasu-nginx
CF-RAY: 3766e08e1252167d-HNY
Content-Length: 60798
```

图 4.55　响应报文头

HTTP/1.1 200 OK　　{HTTP 协议版本为 1.1；状态码为 200；解释状态码的简单短语为 OK}

Date: Thu, 29 Jun 2017 06:37:26 GMT　　{世界时时间}

Content-Type: text/html; charset=gbk　　{返回文档类型为 HTML 格式，编码方式为 gbk}

Connection: keep-alive　　{客户端与服务连接类型，Keep-Alive 表示持久连接}

Set-Cookie: __cfduid=dc15b0f626ae469e03ff5f22f2e493cc81498718246；expires=Fri, 29-Jun-18 06:37:26 GMT；path=/；domain=.zhsan.com；HttpOnly　　{设置 Http Cookie、id、有效时间、域}

Vary: Accept-Encoding　　{告诉代理服务器缓存压缩和非压缩两种版本的资源，这有助于避免一些公共代理不能正确地检测 Content-Encoding 标头的问题}

X-Powered-By: PHP/5.2.17　　{使用 PHP/5.2.17 开发}

Set-Cookie: SWCX_2132_saltkey=t852zz5y；expires=Sat，29-Jul-2017 06:37:26 GMT；path=/；httponly

Set-Cookie: SWCX_2132_lastvisit=1498714646；expires=Sat，29-Jul-2017 06:37:26 GMT；path=/。

Set-Cookie: SWCX_2132_sid=t4dR4d; expires=Fri, 30-Jun-2017 06:37:26 GMT; path=/

Set-Cookie: SWCX_2132_lastact=1498718246%09index.php%09 expires=Fri, 30-Jun-2017 06:37:26 GMT；path=/

Server: yunjiasu-nginx　　{Web 服务器软件名称}

CF-RAY: 3766e08e1252167d-HNY

Content-Length: 60798　　{响应体的长度}

下面来看看，响应报文的主体，可以看到是一片乱码（图 4.56），这是由于主体是压缩的，单击上面的【Response body is encoded . Click to decode.】即可解码（图 4.57）。

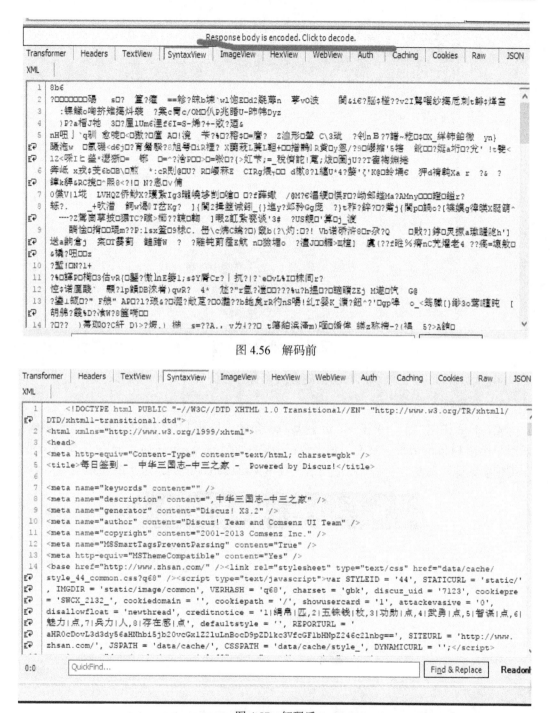

图 4.56 解码前

图 4.57 解码后

此外，Fiddler 具有很好的统计功能，Shift 加鼠标左击第一条和最后一条会话，可获得整个页面加载所消耗的总体时间。从条形图表中还可以分别出哪些请求耗时最多，从而对页面的访问进行访问速度优化（图 4.58）。

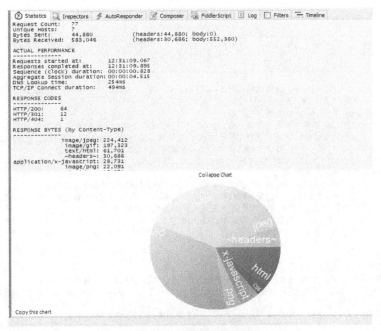

图 4.58  Fiddler 统计功能

同样地，Fiddler 也可以以时间轴的方式去看各会话哪部分耗时最多。

3）设置断点调试

先切换到浏览器上，单击 zhsan 网站右上角的【登陆】，进入登陆界面（弹出框），然后切换回 Fiddler 界面，在左下角命令行中输入 "bpu www.zhsan.com"（只输入 bpu，不携带参数即取消断点）用来拦截所有发往 www.zhsan.com 的请求（图 4.59）。

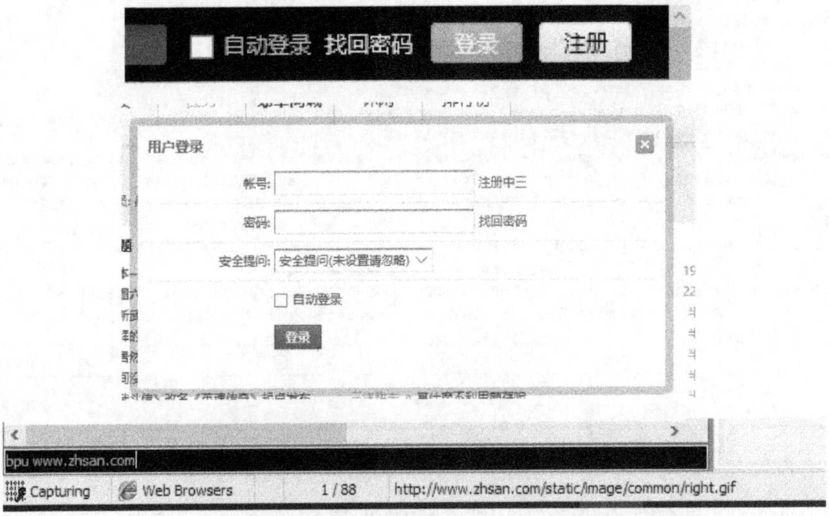

图 4.59  Fiddler 设置断点调试

切换到浏览器中，输入账号密码，点【确认】会发现 Fiddler 有提醒，拦截到请求，图 4.60 可以看到有消息被拦截。

第 4 章　网络扫描与监听技术

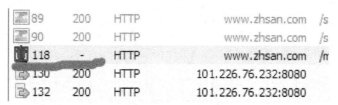

图 4.60　Fiddler 消息拦截

再看全部报文，可以看到最后一行"username="和"password="字样，其中"password ="后面是输入的密码经过 MD5 后的结果（图 4.61）。

图 4.61　查看全部报文

也可以在 WebForms 以表格方式查看（图 4.62）。

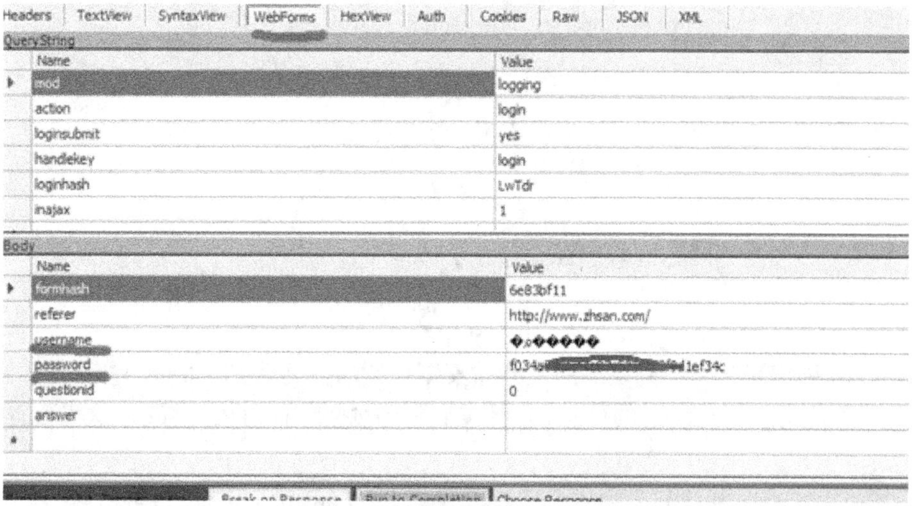

图 4.62　以表格方式查看全部报文

还可以修改账号、密码，但这里的 username 和 password 都是经过转换的。单击绿色的按钮【Run to Completion】继续执行。

### 2. HTTPS 分析

默认情况下，Fiddler 是不会捕获 HTTPS 会话的，所以需要自行设置一下。启动软件，单击【Tools】→【Options】，在弹出的新窗口中，单击【HTTPS】选项卡，将"Capture HTTPS CONNECTs"这一系列选项前面全打上勾，单击【OK】就操作成功了（图 4.63）。

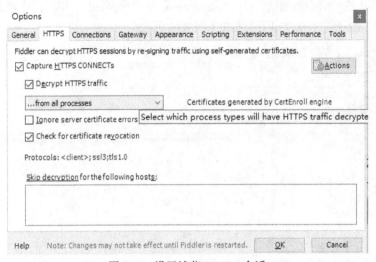

图 4.63　设置捕获 HTTPS 会话

其中，单击【Decrypt HTTPS traffic】时会弹出如图 4.64 所示弹窗，需要安装根证书。

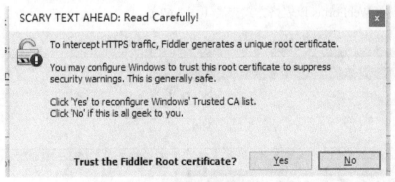

图 4.64　安装根证书

Window 弹出警告框，确认之后就开始安装根证书。之后 Fiddler 需重启。

中国地质大学（武汉）的信息门户网站登录用的是 HTTPS 协议，这里以此站点为例。

设置好 Fiddler，用浏览器登录信息门户网站"portal.cug.edu.cn"，输入账号、口令、验证码，切换 Fiddler，设置中断，选择关于"portal.cug.edu.cn"的信息，切换回浏览器，点登陆，这时会发现 Fiddler 拦截到报文（图 4.65）。

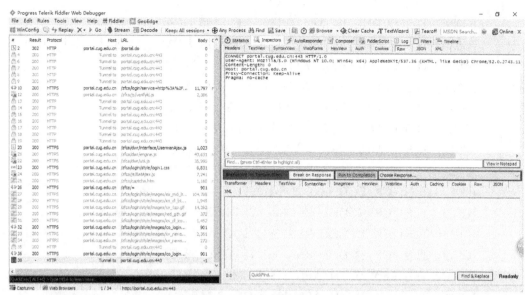

图 4.65 拦截到 HTTPS 报文

第一条对话中只有链接信息，其报文头跟 HTTPS 相似，多了支持的加密规则及随机产生的数据项，HTTPS 与 HTTP 相同的条目这里不再赘述，具体如下：

A SSLv3-compatible ClientHello handshake was found. Fiddler extracted the parameters below.

这是提示 Fiddler 发现握手消息，提取了以下参数：

Version: 3.3 （TLS/1.2）  {版本}

Random: 59 54 C9 7E B6 5E 0F 2B 67 6C E0 FC BD 71 75 4F 3A 91 2E DD E0 02 32 84 E2 73 1E 1B 90 02 0F 9C {选取的随机数}

"Time": 2037/5/28 19:39:05

SessionID: 75 31 00 00 27 7A 93 0F DA 89 3D ED C3 6F A2 22 81 10 D3 24 6A F7 66 2D 60 D0 5E 5D 51 C1 7C 00//会话 ID

Extensions: {扩展内容}

    server_name         portal.cug.edu.cn{服务（器）名}

    status_request       OCSP - Implicit Responder  {状态请求 OCSP-隐式响应}

    elliptic_curves      unknown [0x1D），secp256r1 [0x17], secp384r1 [0x18]{椭圆曲线参数}

    ec_point_formatsuncompressed [0x0]

    signature_algs      sha256_rsa, sha384_rsa, sha1_rsa, sha256_ecdsa, sha384_ecdsa, sha1_ecdsa, sha1_dsa, sha512_rsa, sha512_ecdsa {签名算法}

    SessionTicket       empty

    ALPN                h2, http/1.1 {应用层协议协商}

Ciphers:

[C02C]　TLS_ECDHE_ECDSA_WITH_AES_256_GCM_SHA384
[C02B]　TLS_ECDHE_ECDSA_WITH_AES_128_GCM_SHA256
[C030]　TLS_ECDHE_RSA_WITH_AES_256_GCM_SHA384
[C02F]　TLS_ECDHE_RSA_WITH_AES_128_GCM_SHA256
[C024]　TLS_ECDHE_ECDSA_WITH_AES_256_CBC_SHA384
[C023]　TLS_ECDHE_ECDSA_WITH_AES_128_CBC_SHA256
[C028]　TLS_ECDHE_RSA_WITH_AES_256_CBC_SHA384
[C027]　TLS_ECDHE_RSA_WITH_AES_128_CBC_SHA256
[C00A]　TLS1_CK_ECDHE_ECDSA_WITH_AES_256_CBC_SHA
[C009]　TLS1_CK_ECDHE_ECDSA_WITH_AES_128_CBC_SHA
[C014]　TLS1_CK_ECDHE_RSA_WITH_AES_256_CBC_SHA
[C013]　TLS1_CK_ECDHE_RSA_WITH_AES_128_CBC_SHA
[009D]　TLS_RSA_WITH_AES_256_GCM_SHA384
[009C]　TLS_RSA_WITH_AES_128_GCM_SHA256
[003D]　TLS_RSA_WITH_AES_256_CBC_SHA256
[003C]　TLS_RSA_WITH_AES_128_CBC_SHA256
[0035]　TLS_RSA_AES_256_SHA
[002F]　TLS_RSA_AES_128_SHA
[000A]　SSL_RSA_WITH_3DES_EDE_SHA

Compression:

　　[00]　　NO_COMPRESSION

按绿色按钮放行，出现第二条 HTTPS 报文信息如图 4.66 所示。

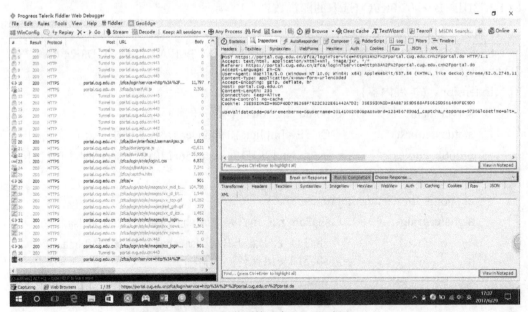

图 4.66　拦截到第二条 HTTPS 报文

第二条报文中包含了账户、密码、验证码,可以看到是明文的,这条报文几乎与 HTTP 一样,其表格方式结果如图 4.67 所示。

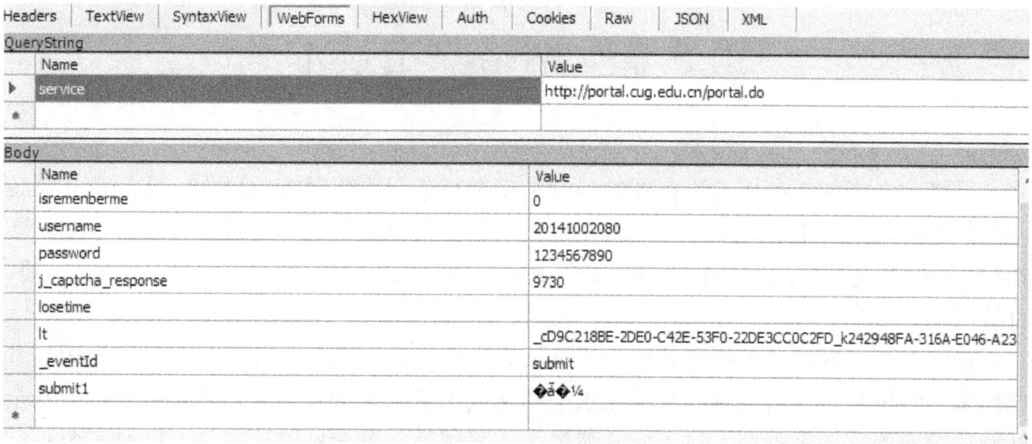

| QueryString | |
|---|---|
| Name | Value |
| service | http://portal.cug.edu.cn/portal.do |

| Body | |
|---|---|
| Name | Value |
| isremenberme | 0 |
| username | 20141002080 |
| password | 1234567890 |
| j_captcha_response | 9730 |
| losetime | |
| lt | _cD9C218BE-2DE0-C42E-53F0-22DE3CC0C2FD_k242948FA-316A-E046-A23 |
| _eventId | submit |
| submit1 | �ā�¼ |

图 4.67 表格方式报文

## 4.4.6 实验总结

Fiddler 是位于客户端和服务器端的 HTTP 代理,支持所有可以设置 HTTP 代理为 127.0.0.1:8888 的浏览器和应用程序,当它开启时会对 IE 浏览器自动设置代理为 127.0.0.1:8888,但不是 IE 浏览器的时候,可能不会自动设置代理,必须手动设置才可以。

另外,它不能对所有的浏览器都识别为浏览器,如 360 安全浏览器在监听浏览器请求(Web - Browser)时看不到其中的会话,但在监听非浏览器请求(Non-Browser)时监听到会话。

在响应报文中有些报文主体是图片等格式,如果直接像看源码一样查看会误以为是乱码,可以用 ImageView 等看图软件看到图片。

捕获 HTTPS 会话必须要在"Tools"→"Options"→"HTTPS"中选择"Capture HTTPS CONNECTs",如果是想捕获移动终端上的 HTTPS,必须要在"Tools"→"Fiddler Options"→"Connections",勾选"Allow remote computers to connect",手机浏览器中下载证书输入地址必须加入端口号 8888。

# 第 5 章 网络攻击技术

网络攻击指的是利用网络存在的漏洞和安全缺陷对网络系统的硬件、软件及其系统中的数据进行的攻击。对于一名网络安全技术从业人员来说，不仅仅要掌握安全漏洞和扫描，还应在此基础之上，了解网络安全中面临的常见安全威胁和攻击，以便知己知彼，百战不殆。

最近几年，网络攻击技术和攻击工具又有了新的发展趋势，计算机网络安全面临着前所未有的风险。攻击工具的自动化水平和速度不断提高、攻击工具越来越复杂、安全漏洞的发现速度越来越快、防火墙的渗透率越来越高、安全威胁不对称、针对安全基础设施的攻击行为呈上升趋势等，都对网络安全管理与维护人员提出了更高的要求。

本章需要学习和了解常见的网络攻击行为，如信息收集、口令攻击、缓冲区溢出、恶意代码、Web 应用程序攻击、嗅探、假消息、拒绝服务攻击等多种攻击技术，并为下一步如何更好地防范奠定基础。

## 5.1 基于 Cain 的账户及口令破解

### 5.1.1 实验目的

Cain 是一个针对 Microsoft 操作系统的口令破解工具，它同样可以作为口令恢复工具。它可以通过网络嗅探、破解加密口令、解码被打乱的口令等多种方式轻松地实现口令恢复。本实验学习 Cain 进行口令破解的一般方式，并思考如何防范。

### 5.1.2 实验原理和基础

Cain & Abel 功能十分强大，可以网络嗅探、网络欺骗、破解加密口令、解码被打乱的口令、显示口令框、显示缓存口令和分析路由协议，甚至还可以监听内网中他人使用 VOIP 拨打电话。其中，Abel 是后台服务程序，一般不会用到。

口令破解这部分，Cain 可以破解屏保、PWL 密码、共享密码、缓存口令、远程共享口令、SMB 口令、支持 VNC 口令解码、Cisco Type-7 口令解码、Base64 口令解码、SQL Server 7.0/2000 口令解码、Remote Desktop 口令解码、Access Database 口令解码、Cisco PIX Firewall 口令解码、Cisco MD5 解码、NTLM Session Security 口令解码、IKE Aggressive Mode Pre-Shared Keys 口令解码、Dialup 口令解码、远程桌面口令解码等综合工具，还可以远程破解，可以挂字典以及暴力破解，其嗅探器嗅探功能极其强大，几乎可以明文捕获一切账号口令，包括 FTP、HTTP、IMAP、POP3、SMB、Telnet、VNC、

TDS、SMTP、MSkerb5-PreAuth、MSN、RADIUS-KEYS、RADIUS-USERS、ICQ、IKE Aggressive Mode Pre-Shared Keys Authentications 等。

安装 Cain 时需注意，首先需要安装 Winpcap 驱动，按照向导提示点击【Next】就可以安装成功了（图 5.1）。

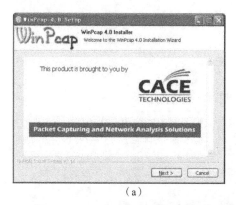

(a)　　　　　　　　　　　　　　(b)

图 5.1　Cain 驱动 WinPcap4.0 安装

然后就可以安装及使用 Cain 了，界面十分简单明了（图 5.2）。

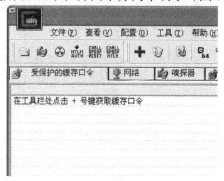

图 5.2　Cain 主界面

## 5.1.3　实验环境

PC，Windows7 系统，Cain 软件。

## 5.1.4　实验要求

（1）学习 Cain 的安装及基本使用方法；
（2）掌握 Cain 破解口令的一般方法；
（3）查阅资料，进一步了解 Cain 的其他功能，如 ARP 欺骗、嗅探等。

## 5.1.5　实验内容和步骤

**1. 读取缓存口令**

（1）单击【Decoders】，选中左侧"IE7 Password"（图 5.3）。

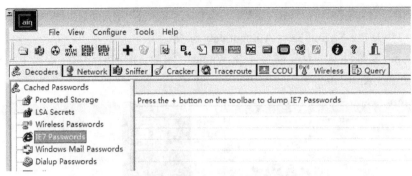

图 5.3　选择破解 IE 缓存的口令

（2）单击工具栏的"+"，出现如图 5.4 所示结果，即缓存在 IE 里的用户名及其密码、网址都显示出来了（图 5.4）。

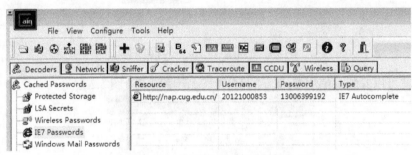

图 5.4　IE 缓存口令破解成功

**2. 破解本地口令**

（1）单击【Cracker】，选中左侧的"LM&NTLM Hashes"（图 5.5）。

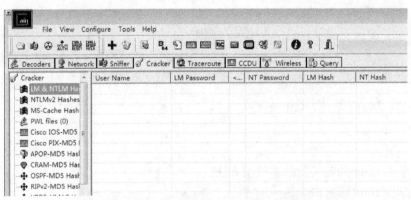

图 5.5　选择破解基于 LM&NTLM 认证机制加密的口令

（2）在右侧空白区域右击，选择"Add to list"选项，会弹出一个导入口令 Hash 值的界面（图 5.6）。由于此例是针对本机口令进行破解，所以选择默认的"Import Hashes from local system"。

第 5 章 网络攻击技术 · 113 ·

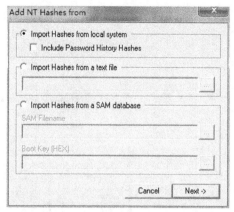

图 5.6　导入本机系统存储的 Hash 值

（3）单击【Next】，出现如图 5.7 所示界面。可以看到，Cain 获取了本机系统中的全部 2 个账户，并且判断出 Guest 账户的口令为空，所以在 Guest 账户前的符号为钥匙形；而管理员账户的口令不为空，所以处于未破解状态，账户显示红色的叉号标识（图 5.7）。

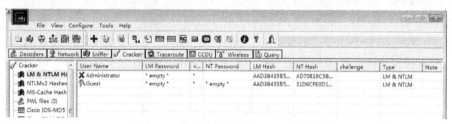

图 5.7　获取本机账户名和 Hash 值

（4）右击"Administrator 账户"，选择"Brute-Force Attack"|"LM Hashes"，出现如图 5.8 所示界面。

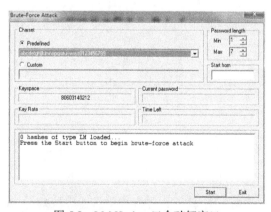

图 5.8　LM Hashes 口令破解窗口

（5）单击【Start】，等待片刻，出现如图 5-9 所示界面。下方显示框显示破解失败，未获取到口令。原因是在本机 Windows 安全配置环节中，已启用"网络安全：在下一次更改密码时不存储 LAN 管理员哈希值"（图 5.10）。启用这个安全选项后用户的新口令不再以 LM 这种加密形式保存在 SAM 文件中，所以使得基于 LM 口令破解机制的口令破解失败。

图 5.9　LM Hashes 口令破解失败

图 5.10　启用"网络安全：在下一次更改密码时不存储 LAN 管理员哈希值"

（6）下面换一种攻击方式，右击【Administrator 账户】，选择 "Brute-Force Attack" | "NTLM Hashes"，出现如图 5.11 所示界面。"Charset" 区域可以选定暴力破解中用于组合随机口令的字符集，选择 "Predefined" 可以选择预先定义好的字符集，或者选择 "Custom" 来填入自己定义的字符集。"Password length" 区域用来定义需要破解口令的长度范围。选定 "Password length" 后，在 "Keyspace" 区域就会出现相应的可能产生的测试口令个数。

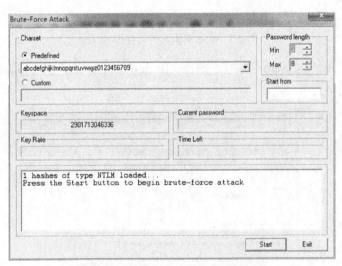

图 5.11　NTLM Hashes 口令破解窗口

（7）单击【Start】，开始口令破解，等待片刻后，出现如图 5.12 所示界面。可以看到最下方显示框中显示 "Plaintext of … is 123qwe"，即破解出的口令为 "123qwe"。

（8）单击【Exit】，回到主页面（图 5.13），可以看到 "Administrator" 前面的符号变成了钥匙形，"NT Password" 为 "123qwe"，即管理员口令。

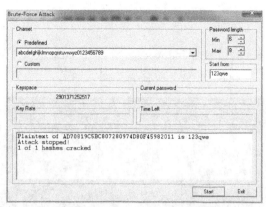

图 5.12 暴力破解成功获得管理员口令

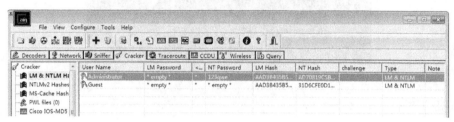

图 5.13 获取 Administrator 口令

## 5.1.6 实验总结

本实验了解及掌握 Cain 工具的安装及使用，通过 Cain 破解口令的功能，掌握了网络攻击中口令破解的一般方法，读者可以举一反三，进一步了解其他类的口令破解方法，从而思考如何有效地防范口令被破解，提高口令的安全性。

## 5.2 ARP 欺骗和网络执法官网络管控

### 5.2.1 实验目的

一谈到 ARP 欺骗，首先想到的就是交换环境下的嗅探器，ARP 欺骗的主要用途就是在交换网络中进行嗅探、抓包。ARP 欺骗者利用 ARP 协议，把所有的数据包都欺骗到自己的机器上来，并进行协议分析，以此来获取用户的资料。本实验安排 ARP 这个危害较轻的网络攻击实验，希望读者能够通过本实验，切实认识到 TCP/IP 协议的脆弱性，同时也能学会在交换网环境下如何进行嗅探，为成为一名合格的网络安全从业人员打下坚实的基础。

本实验的目的是：

（1）掌握 ARP 欺骗的基本原理；

（2）了解流行的 ARP 欺骗工具网络执法官的使用方法及危害；

（3）能够进行基本 ARP 欺骗防范。

## 5.2.2 实验原理和基础

首先说一下什么是 ARP。在 Windows 命令行下，如果输入"arp -a"（查看 PC 上 IP 与 MAC 对应表的命令），将得到 ARP 缓存表（图 5.14）。

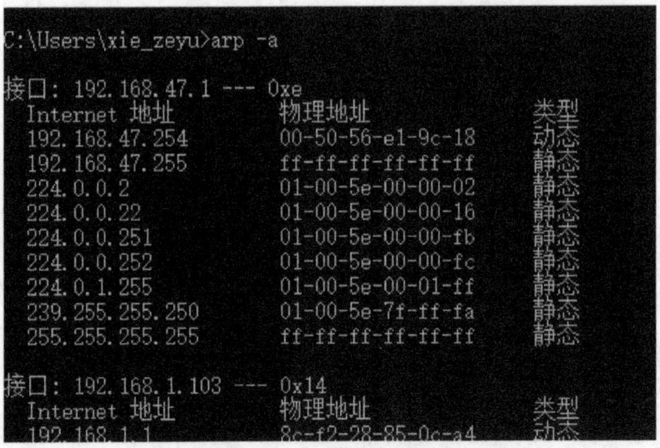

图 5.14  ARP 缓存表

ARP 表的格式如下：

Interface: xxx. xxx. xxx. xxx

Internet Address Physical Address Type

xxx. xxx. xxx. xxx 00-00-93-64-48-d2 dynamic

xxx. xxx. xxx. xxx 00-00-b4-52-43-10 dynamic

……

这里第一列显示的是 IP 地址，第二列显示的是和 IP 地址对应的网络接口卡的硬件地址（MAC），第三列是该 IP 和 MAC 的对应关系类型。

可见，ARP 是一种将 IP 转化成以 IP 对应的网卡的物理地址的一种协议，或者说它是一种将 IP 地址转化成 MAC 地址的一种协议。它靠维持在内存中保存的一张表（ARP 缓存表）来使 IP 得以在网络上被目标机器应答。同时需要注意，每次机器重启，内存清空，该表随之清空。

为什么要将 IP 转化成 MAC 呢？简单地说，这是因为在 TCP 网络环境下，一个 IP 包走到哪里，要怎么走是靠路由表定义的。但是，当 IP 包到达该网络后，哪台机器响应这个 IP 包却是靠该 IP 包中所包含的 MAC 地址来识别的。也就是说，只有机器的 MAC 地址和该 IP 包中的 MAC 地址相同的机器才会应答这个 IP 包。因为在网络中，每一台主机都会有发送 IP 包的时候，所以，在每台主机的内存中，都有一个 IP→MAC 的转换表，通常是动态的转换表（注意在路由中，该 ARP 表可以被设置成静态）。也就是说，该对应表会被主机在需要的时候刷新。

主机通常在发送一个 IP 包之前，要到该转换表中寻找和 IP 包对应的 MAC 地址。若找到，则直接发送，这是与共享环境有区别的；若没有找到，则该主机发送一个 ARP 广播包，看起来像这样子：

"我是主机 xxx.xxx.xxx.xxx ，MAC 是 xx xx xx xx xx xx1，IP 为 xxx.xxx.xxx.xxx1

的主机，请告之你的 MAC。"

IP 为 xxx.xxx.xxx.xxx 的主机响应这个广播，应答 ARP 广播如下：

"我是 xxx.xxx.xxx.xxx，我的 MAC 为 xx xx xx xx xx xx2。"

于是，主机刷新自己的 ARP 缓存，然后发出该 IP 包。

导致欺骗成功最主要的原因是：ARP 协议在最初设计的时候就没有考虑安全机制，默认信任全部以太网内的主机，且是动态刷新 ARP 缓存表的。

ARP 协议并不只在发送了 ARP 请求才接收 ARP 应答。当计算机接收到 ARP 应答数据包的时候，就会对本地的 ARP 缓存进行更新，将应答中的 IP 和 MAC 地址存储在 ARP 缓存中。因此，若局域网中的某台机器 B 向 A 发送一个自己伪造的 ARP 应答，而这个应答是 B 冒充 C 伪造来的，即 IP 地址是 C 的 IP，MAC 地址是伪造的，则当 A 接收到 B 伪造的 ARP 应答后，就会更新本地的 ARP 缓存，这样在 A 看来，C 的 IP 地址没有变，而它的 MAC 地址已经不是原来的那个了。由于局域网及数据链路层的信息交换不是根据 IP 地址进行的，而是按照 MAC 地址进行传输的，所以，那个伪造出来的 MAC 地址在 A 上被改变成一个不存在的 MAC 地址，这样就会造成网络不通，导致 A 不能 Ping 通 C。这就是一个简单的 ARP 欺骗导致的网络不通。

倘若欺骗者再将数据包转发给真正的网关，则所有数据包都将"流经"欺骗者，此时就完成了一次嗅探。

## 5.2.3 实验环境

硬件设备：PC，实验用真实或虚拟局域网环境；

软件环境：Windows XP 或以上操作系统，TCP/IP，网络执法官。

## 5.2.4 实验要求

（1）进行网络执法官安装和使用网络执法官；

（2）掌握用网络执法官进行基于 ARP 欺骗的网络管控的一般方法；

（3）思考如何防范 ARP 欺骗。

## 5.2.5 实验内容和步骤

1）安装并打开网络执法官

安装并打开网络执法官。

2）设置监控范围

在打开网络执法官的时候会弹出设置窗口，设置用于监控的网卡和需要监控的 IP 段，设置好后单击【添加】，并单击【确定】（图 5.15）。

3）查看通信设备

确定后，软件会自动显示所有设置区域内的所有网络通信设备，里面包含一些设备的具体参数，如 MAC 地址、IP 地址、机器名等（图 5.16）。

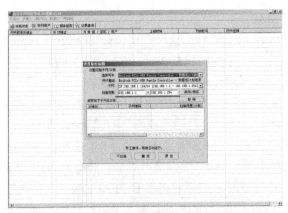

图 5.15 设置监控范围

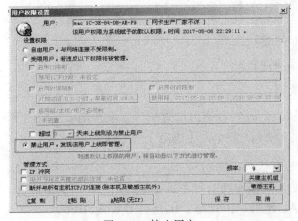

图 5.16 查看通信设备

4）管控计算机

接下来可以对网络上的计算机进行管控了，选择需要管控的机器，这里选择 IP 地址为 192.168.1.103 的计算机，单击右键，查看属性，可以看到里面的一些信息，如 MAC 地址和上线记录，单击【权限设定】，这一步也可直接在前面单击右键时选择。

5）禁止用户

在弹出的"用户权限设置"窗口可以对该用户进行网络控制（图 5.17），可以选择禁止或开放网络、是否产生 IP 冲突等操作，也可以控制它与部分用户进行通信。设置好之后回到用户界面，可以发现该用户的电脑标记上有红色的叉（图 5.18①），代表禁止该用户的网络通信。

图 5.17 禁止用户

图 5.18 已被禁止

6）锁定用户

这里简单的一步就可以断开该用户与其他所有用户的连接，具体操作是，在该用户上单击右键，单击【锁定/解锁】（图 5.19），在弹出来的窗口里可以很直观地就显示出功能。这一步操作后同样会出现红叉（图 5.20 中里底色的一行）。

图 5.19 锁定用户

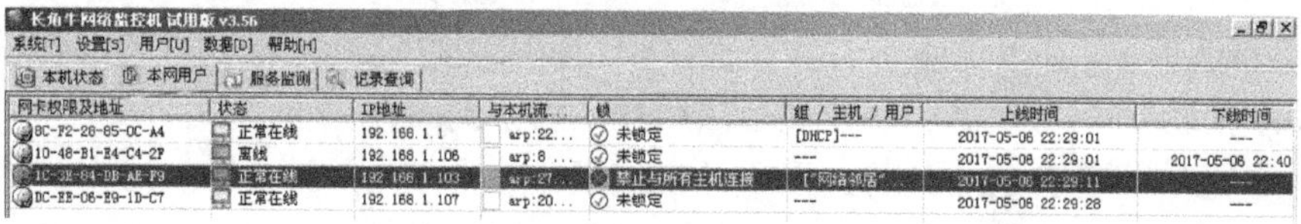

图 5.20 已被锁定

7）解除锁定

有锁定就得有解除锁定操作，同样的步骤操作第 6）步的前一步，在弹出来的窗口选择第一个选项就可以解除该用户的锁定状态（图 5.21）。

8）查看本机状态

查看本机状态如图 5.22 所示。

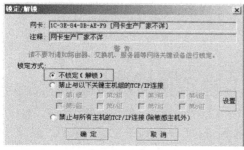

图 5.21 解除锁定

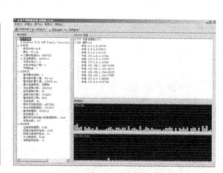

图 5.22 查看本机状态

### 5.2.6 实验总结

网络执法官是一款局域网管理辅助软件，采用网络底层协议，能穿透各客户端防火墙，对网络中的每一台主机进行监控；采用物理地址（MAC）识别用户，利用 ARP 欺骗的原理，在网内任一台主机上运行即可有效监控所有本机连接到的网络（支持多网段监控）。类似这样的管理软件还有 P2P 终结者、聚生网管等。读者可以自学这类软件，掌握 ARP 欺骗和攻击的方法，思考破解攻击的防范措施。

## 5.3 DoS 和 DDoS 攻击

### 5.3.1 实验目的

学习使用 DoS/DDoS 攻击工具对目标主机进行攻击，理解 DoS/DDoS 攻击原理及过程，并学会如何检测和防范 DoS/DDoS 攻击。

### 5.3.2 实验原理和基础

**1. DoS 攻击和 DDoS 攻击的基本定义**

从网络攻击的各种方法和所产生的破坏情况来看，DoS 是一种很简单但又很有效的进攻方式，它的目的就是拒绝服务访问，破坏组织的正常运行，最终使部分 Internet 连接和网络系统失效。DoS 的攻击方式有很多种，最基本的 DoS 攻击就是利用合理的服务请求来占用过多的服务资源，从而使合法用户无法得到服务。

DDoS 是一种基于 DoS 的特殊形式的拒绝服务攻击，是一种分布、协作式的大规模攻击方式，主要瞄准比较大的站点，如商业公司、搜索引擎和政府部门的站点。DoS 攻击只要一台单机就可实现，而 DDoS 攻击是利用一批受控制的机器向一台机器发起攻击，这样来势迅猛的攻击令人难以防备，因此具有较大的破坏性。

DoS 攻击的基本过程：攻击者向服务器发送众多的带有虚假地址的请求，服务器发送回复信息后等待回传信息。因为地址是伪造的，所以服务器一直等不到回传的信息，分配给这次请求的资源就始终没有被释放。当服务器等待一定的时间后，连接会因超时而被切断，攻击者会再度传送新的一批请求，在这种反复发送伪地址的请求下，服务器资源最终会被耗尽。

**2. 攻击类型**

1）SYN Flood

SYN Flood 攻击又称 SYN 洪水攻击。该攻击以多个随机的源主机地址向目的主机发送 SYN 包，而在收到目的主机的 SYN ACK 后并不回应，这样，目的主机就为这些源主机建立了大量的连接队列，而且由于没有收到 ACK 一直维护着这些队列，造成了资源的大量消耗而不能向正常请求提供服务。

2）Smurf

该攻击向一个子网的广播地址发送一个带有特定请求（如 ICMP 回应请求）的包，并且将源地址伪装成想要攻击的主机地址，子网上所有主机都回应广播包请求而向被攻击主机发包，使该主机受到攻击。

3）Land-based

攻击者将一个包的源地址和目的地址都设置为目标主机的地址，然后将该包通过 IP 欺骗的方式发送给被攻击主机，这种包可以造成被攻击主机因试图与自己建立连接而陷入死循环，从而很大程度地降低了系统性能。

4）Tear Drop

IP 数据包在网络传递时可以分成更小的片段。攻击者通过发送两段（或者更多）数据包来实现 Tear Drop 攻击。第一个包的偏移量为 0，长度为 $N$；第二个包的偏移量小于 $N$。为了合并这些数据段，TCP/IP 堆栈会分配超乎寻常的巨大资源，从而造成系统资源的缺乏，甚至机器的重新启动。

5）Ping Sweep

使用 ICMP Echo 轮询多个主机。

6）Ping Flood

该攻击在短时间内向目的主机发送大量 Ping 包，造成网络堵塞或主机资源耗尽。

7）UDP Flood

攻击源向目标主机随机端口发送全零的 4B UDP 包，被攻击主机的网络性能在处理这些超出其处理能力垃圾数据包的过程中不断下降，直到不能提供正常服务，甚至崩溃。

**3. 被攻击时的现象**

（1）被攻击主机上有大量等待的 TCP 连接；

（2）网络中充斥着大量无用的数据包，源地址为假；

（3）产生高流量无用数据，造成网络拥塞，使受害主机无法和外界正常通信；

（4）利用受害主机提供的服务或传输协议上的缺陷，反复高速地发出特定的服务请求，使受害主机无法及时处理所有正常请求；

（5）严重时会造成系统死机。

**4. SYN Flood 攻击基本原理**

SYN Flood 攻击过程中一共有三次握手，正常情况下的三次握手如下：客户端向服务器提出连接请求，这时 TCP SYN 标志位置，客户端告诉服务端序列号区域合法，需要检查，客户端在自己的 TCP 报头插入 ISN，服务端收到该 TCP 分段后，在第二步以自己的 ISN 回应，同时确认收到客户端的第一个 TCP 分段，在第三步中，客户端确认收到服务端 ISN，到此为止，一个完整的 TCP 会话建立，开始数据传输。SYN Flood 恶意地不完成三次握手，在这种情况下，服务器一般会重试（再次发送 SYN ACK 给客户端）

并等待一段时间后丢弃这个未完成的连接,这段时间的长度称为 SYN Timeout。一般来说,这个时间是分钟数量级(大约 0.5~2min),一个用户发送这样的请求并不是大问题,但是如果有大量这样的情况,服务器就要花很大的开销来维护这些半连接,即使是简单的保存并遍历也会消耗非常多的 CPU 时间和内存,如果服务器的 TCP/IP 堆栈不够大,往往会发生堆栈溢出崩溃,即使服务器资源非常充足,也应付不了,那么合法用户的请求就得不到及时响应,从客户角度来说,服务器就受到了 SYN Flood 攻击。

**5. DDoSer 软件简介**

DDoSer 1.5 软件是一个 DoS 攻击工具。本软件分为生成器(DDoSMaker.exe)与 DDoS 攻击者程序(DDoSer.exe)两部分。软件在下载安装后没有 DDoS 攻击者程序,需要运行生成器程序来生成,生成时可以自定义参数,如攻击目标的域名或 IP 地址、端口等。DDoS 攻击者程序默认的文件名为"DDoSer.exe",可以在生成时或生成后任意改名。DDoS 攻击者程序类似于木马软件的服务器程序,程序运行后不会显示任何界面,其实它已经将自己复制到系统里面了,并且会在每次系统启动时自动运行,DDoSer 使用的攻击手段为 SYN Flood 方式。

### 5.3.3 实验环境

多台 PC,Windows XP 或以上系统,实验用局域网环境。

### 5.3.4 实验要求

(1)生成 DDoS 攻击程序;
(2)采用 DDoSer 进行 SYN Flood 攻击。

### 5.3.5 实验内容和步骤

**1. 生成 DDoS 攻击程序**

首先运行"DDoSMaker.exe"(图 5.23),会弹出一个对话框,在生成前要先进行必要的设置(图 5.24)。

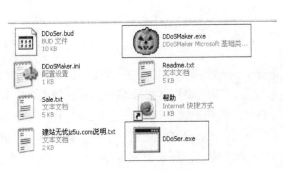

图 5.23 运行软件

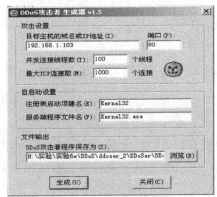

图 5.24 DDoS 攻击者生成器

"目标主机的域名或 IP 地址"是要攻击的域名或 IP 地址,这里建议使用域名,因为 IP 地址是经常变换的,而域名是不会变的。

"端口"是要攻击的端口,这里指的是 TCP 端口,因为本软件只能攻击基于 TCP 的服务,端口 80 是攻击 HTTP 服务,端口 21 是攻击 FTP 服务,端口 25 是攻击 SMTP 服务,端口 110 是攻击 POP3 服务等。

"并发连接线程数"是同时并发多少个线程去连接这个指定的端口,当然此值越大对服务器的压力越大,占用本机资源也越大。这里建议使用默认值 10 个线程,本实验选择 100 个线程。

"最大 TCP 连接数"是保证本机与服务器的连接数不会超过的数值。当连接上服务器后,如果立即断开某个连接显然不会对服务器造成什么压力,而是先保持这个连接一段时间,当本机的连接数大于此值时,就会开始断开以前的连接。同样,此值越大对服务器的压力越大,当然占用本机资源也越大。这里建议使用默认值 1000 个连接。

"注册表启动项键名"是在注册表写入的自己的启动项键名,当然是越隐蔽越好。

"服务端程序文件名"是在 Windows 系统目录写入自己的文件名,同样也是越隐蔽越好。

"DDoS 攻击者程序保存为"是生成的 DDoS 攻击者程序保存和文件名。

这里模拟攻击 IP 地址为 192.168.1.103 的机器,设置好系统参数后单击【生成】按钮。

在图 5.23 中生成器 DDoSer 1.5 的目录里会出现一个新文件 DDoSer.exe。这个文件就是生成的 DDoS 攻击器。

**2. 开始攻击**

无论哪一台主机,只要运行了 DDoS 攻击程序就会立即开始攻击,当然可以独立运行,也可以和其他主机一起运行。总之,同时运行的主机越多,对服务器造成的压力就越大。运行上面生成的文件"DDoSer.exe",攻击就开始了,这时,通过在 DoS 状态下运行"netstat-an"命令,就可以看到正在攻击的界面(图 5.25)。

图 5.25　正在攻击

通过对软件的使用可知，如果发现本地计算机的网络通信量突然急剧增加，超过平常的极限时，一定要提高警惕，检测是否收到DoS/DDoS攻击。例如，当本地电脑通信量急剧增加时，用"netstat"命令进行检查。如果发现发出大量的连接命令，就说明本地电脑可能被当成代理端了。

### 5.3.6 实验总结

DoS和DDoS是网络攻击中最为常见的一类攻击，实现的方法多样。本实验仅以SYN Flooding为例，其余方法留给读者自行扩展阅读和实验，目的是熟悉这类攻击的原理，以便更好地进行安全管理和防范。

## 5.4 Web 攻 击

### 5.4.1 实验目的

通过SQL注入攻击，掌握网站的工作机制，认识到SQL注入攻击的防范措施，加强对Web攻击的防范。

### 5.4.2 实验原理和基础

**1. SQL 注入原理**

SQL注入就是通过把SQL命令插入到Web表单递交或输入域名或页面请求的查询字符串，最终达到欺骗服务器执行恶意的SQL命令。目前，大多数Web应用都使用SQL数据库来存放应用程序的数据，几乎所有的Web应用在后台都使用某种SQL数据库。跟大多数语言一样，SQL语法允许数据库命令和用户数据混杂在一起。如果开发人员不细心的话，用户数据就有可能被解释成命令，这样的话，远程用户就不仅能向Web应用输入数据，而且还能在数据库上执行任意命令了。

例如，很多影视网站泄露VIP会员密码大多就是通过Web表单递交查询字符暴出的，这类表单特别容易受到SQL注入式攻击。当应用程序使用输入内容来构造动态SQL语句以访问数据库时，会发生SQL注入攻击。如果代码使用存储过程，而这些存储过程作为包含未筛选的用户输入的字符串来传递，也会发生SQL注入。黑客通过SQL注入攻击可以拿到网站数据库的访问权限，之后他们就可以拿到网站数据库中所有的数据，恶意的黑客可以通过SQL注入功能篡改甚至毁坏数据库中的数据。

**2. WampServer 简介**

顾名思义，WampServer是由Windows+Apache+MySQL+PHP组成的集成软件包，因此，WampServer免去了烦琐的环境配置过程，而且WampServer是一款免费软件。

**3. DVWA 简介**

DVWA(Damn Vulnerable Web Application)是一个用来进行安全脆弱性鉴定的PHP/MySQL

Web 应用，旨在为安全专业人员测试自己的专业技能和工具提供合法的环境，帮助 Web 开发者更好地理解 Web 应用安全防范的过程。

DVWA 共有 10 个模块，分别是 Brute Force（暴力破解）、Command Injection（命令行注入）、CSRF（跨站请求伪造）、File Inclusion（文件包含）、File Upload（文件上传）、Insecure Captcha（不安全的验证码）、SQL Injection（SQL 注入）、SQL Injection（Blind）（SQL 盲注）、XSS（Reflected）（反射型跨站脚本）、XSS（Stored）（存储型跨站脚本）。

### 5.4.3 实验环境

（1）硬件设备：计算机，实验用局域网环境；
（2）软件环境：Windows XP 或以上操作系统，WampServer，DVWA。

### 5.4.4 实验要求

（1）掌握安装 WampServer；
（2）在 WampServer 上部署 DVWA；
（3）完成 DVWA 上的 SQL 注入实验。

### 5.4.5 实验内容和步骤

**1. 安装 WampServer**

选择安装过程中的语言。同意安装协议，之后一直选择默认安装配置，在安装过程中，WampServer 会询问用户是否要更改默认浏览器和文本编辑器，可以选择更改或不更改（图 5.26～5.29）。

图 5.26　选择安装语言

图 5.27　同意安装协议

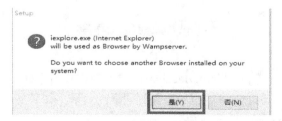

图 5.28　更改默认浏览器

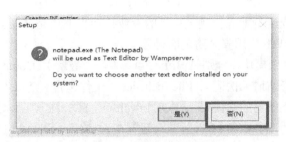

图 5.29　更改默认编辑器

WampServer 在安装过程中会默认为 MySQL 数据库创建一个名为"root"、口令为空的用户（图 5.30）。

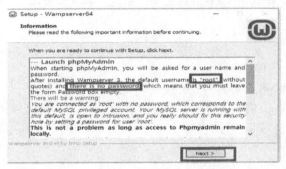

图 5.30　MySQL 数据库用户名和密码

在安装完成后，在桌面右下角会出现一个"W"形状的按钮，右键单击该按钮，然后选择"Language"中的"chinese"来修改 WampSever 的语言设置（图 5.31）。

图 5.31　更改 WampSever 语言

在浏览器地址栏中输入"http://localhost/"，或左键单击桌面右下角的"W"形状的按钮，然后再选择"Localhost"，也可以起到同样的效果。如果显示如图 5.32 所示的页面，那么说明 WampServer 安装成功。

第 5 章　网络攻击技术　　·127·

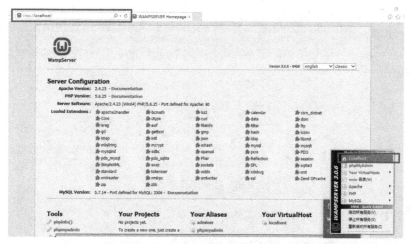

图 5.32　验证 WampSever 是否安装成功

在"http://localhost/"页面中单击【phpinfo（）】链接可以查看 PHP 的版本和配置信息（图 5.33）。

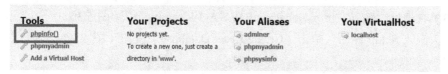

图 5.33　查看 PHP 版本

在"http://localhost/"页面中单击【phpmyadmin】链接或桌面右下角"W"形状的按钮，然后选择"phpMyAdmin"即可打开数据库登录界面（图 5.34）。

图 5.34　进入 phpMyAdmin 界面

输入用户名"root"和空口令登录数据库管理界面（图 5.35、图 5.36）。

图 5.35　数据库登录界面

图 5.36　数据库管理界面

**2. 利用 DVWA 进行 SQL 注入实验**

（1）下载 DVWA 安装包，解压缩到 WampServer 下的 www 目录；

（2）打开"DVWA/config/config.inc.php"文件，将"$_DVWA[ 'db_password' ] = 'p@ssw0rd';"中的"p@ssw0rd"替换为 WampServer 中设置的 MySQL 数据库中"root"的密码；

（3）在地址栏输入"http://localhost/DVWA-1.9/setup.php"（图 5.36）；

（4）进入 Setup 界面，单击【Create/Reset Database】按钮（图 5.37）。

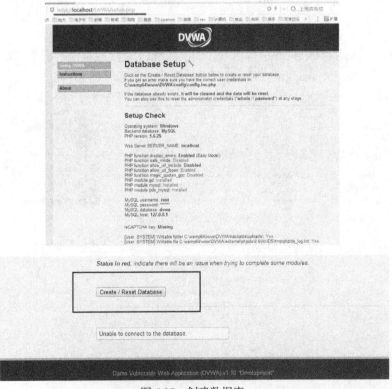

图 5.37　创建数据库

（5）登录 DVWA。在浏览器地址栏输入"http://localhost/DVWA-1.9/login.php"，默

认的用户名和密码分别为"admin"和"password"（图 5.38）。登录后进入 DVWA 主页（图 5.39）。

图 5.38　登录 DVWA　　　　　图 5.39　DVWA 主页

（6）设置 DVWA 难度（图 5.40）。

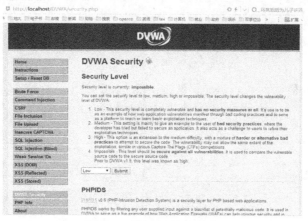

图 5.40　设置 DVWA 难度

（7）选择 SQL 注入实验并在输入框中键入"1"并且提交（图 5.41）。

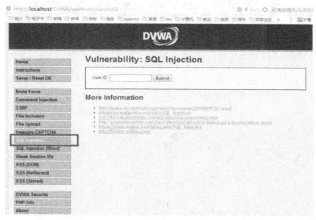

图 5.41　选择 SQL 注入实验

回显如图 5.42 所示，数据库发现错误字符 "'"，说明可能存在注入漏洞，并且可以知道后台数据库是 MySQL。分析：假设后台查询语句为 "select 列 from 表 where ID=？"，那么当在 SQL 语句后加上 "or 1=1" 时，会变成 "select 列 from 表 where ID=？ or 1=1"，或许能将数据全部显示。

图 5.42　"'" 回显

（8）输入框中键入 "'or 1=1'" 并且提交（图 5.43）。

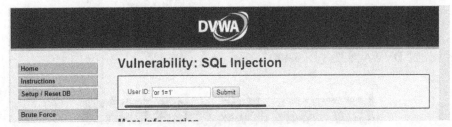

图 5.43　键入 "'or 1=1'"

回显如图 5.44 所示，SQL 语句仍然有错误，或许整个注释掉 SQL 语句后面的部分能够解决问题。在 MySQL 中使用 "--" 来完成注释工作。

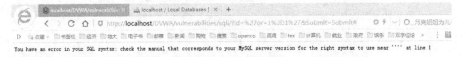

图 5.44　'or 1=1'回显

（9）输入框中键入 "'or 1=1 --'" 并且提交（图 5.45）。

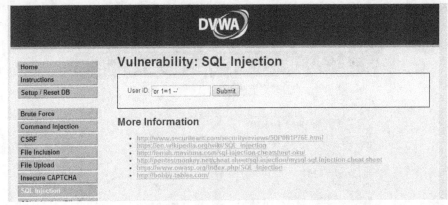

图 5.45　键入 "'or 1=1 --'"

（10）用 Union select 来猜测字段数。

Union 的用法为：select [列]1,…,[列]n from [表] Union select [列]1,…,[列]n from

[表]，其中子 select 查询语句的列数必须相同。

输入框中键入"'Union select 1，--'"并且提交（图 5.46）。

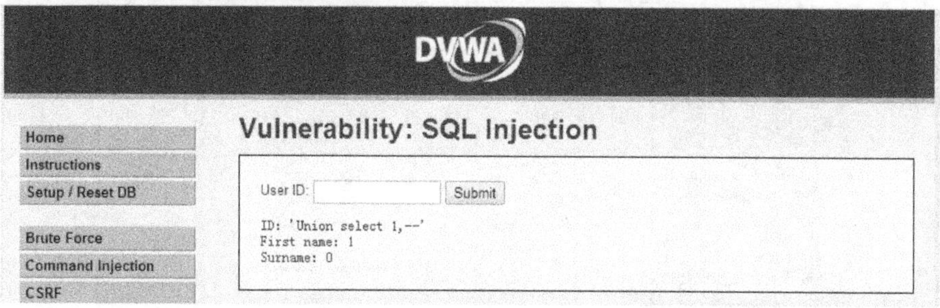

图 5.46　"'Union select 1，--'"回显

输入框中键入"'Union select 1，2--'"并且提交（图 5.47）。

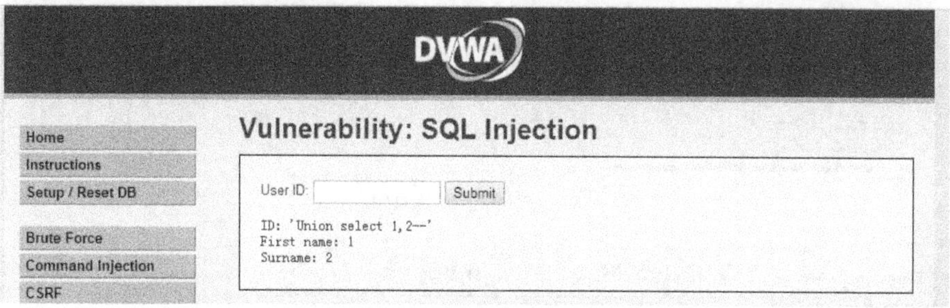

图 5.47　"'Union select 1，2--'"回显

由图 5.46 和图 5.47 可以看出，查询的列数为 2 列。在 MySQL 数据库中有一个"information_schema"数据库，这是一个包含了 MySQL 数据库所有信息的"字典"，本质上还是一个 database，存放着其他各个数据的信息。在"information_schema"里，有一个表 tables，有一个 columns。tables 这个表存放的是关于数据库中所有表的信息，里面有个字段叫 table_name，还有个字段叫 table_schema。其中 table_name 是表名，table_schema 表示的是这个表所在的数据库。对于 columns，它有 column_name、table_schema、table_name。根据这两个表可以查询用户表。

（11）查询数据库中的表。构造语句"'Union select 1，table_name from INFORMATION_SCHEMA.tables -- '"（图 5.48、图 5.49）。

（12）查询列名。发现 users 表后还需要 table_name 以及 table_schema 来查 column_name。构造"'Union select 1, column_name from INFORMATION_SCHEMA. columns where table_name = 'users' -- '"语句并且输入查询框内提交（图 5.50）。

（13）获取用户名和口令。在图 5.50 中可以看到 users 表中的列名中有 password 列。在输入框中键入"'Union select NULL，password from users -- '"并且提交（图 5.51）。

在百度中搜索 MD5 破解网站可以尝试破解图 5.51 中的口令，如图 5.52、5.53 所示。

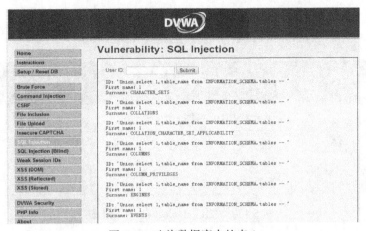

图 5.48　查询数据库中的表 1

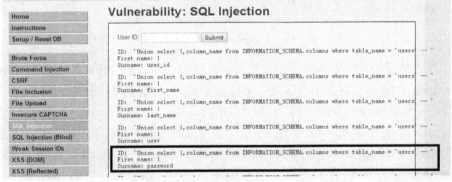

图 5.49　查询数据库中的表 2

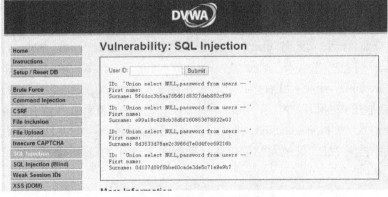

图 5.50　查询列名

图 5.51　获取用户名和口令

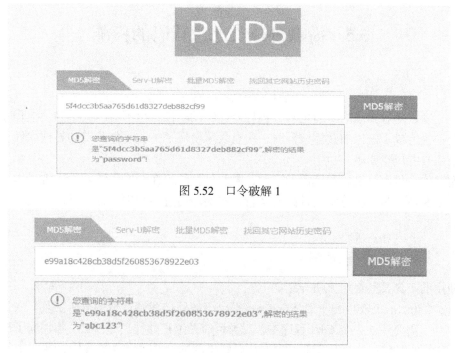

图 5.52　口令破解 1

图 5.53　口令破解 2

## 5.4.6　实验总结

SQL 注入攻击是通过构建特殊的输入作为参数传入 Web 应用程序，而这些输入大都是 SQL 语法里的一些组合，通过执行 SQL 语句进而执行攻击者所要的操作，其主要原因是程序没有细致地过滤用户输入的数据，致使非法数据侵入系统。当应用程序使用输入内容来构造动态 SQL 语句以访问数据库时，会发生 SQL 注入攻击。如果代码使用存储过程，而这些存储过程作为包含未筛选的用户输入的字符串来传递，也会发生 SQL 注入。

SQL 注入的防范措施归纳一下，主要有以下几点：

（1）不要信任用户的输入，对用户的输入进行校验，可以通过正则表达式或限制长度；对单引号和双"-"进行转换等；

（2）不要使用动态拼装 SQL，可以使用参数化的 SQL，或者直接使用存储过程进行数据查询存取；

（3）不要使用管理员权限的数据库连接，为每个应用使用单独的权限有限的数据库连接；

（4）不要把机密信息直接存放，加密或者 Hash 掉密码和敏感的信息；

（5）应用的异常信息应该给出尽可能少的提示，最好使用自定义的错误信息对原始错误信息进行包装；

（6）SQL 注入的检测方法一般采取辅助软件或网站平台来检测。

## 5.5 游戏外挂类恶意代码的检测

### 5.5.1 实验目的

近年来,随着游戏的不断更新,各种外挂辅助软件层出不穷。大量的外挂程序对游戏的公平性造成了极大的破坏,同时,一旦玩家使用了一款看似免费的外挂软件,就要付出被盗号的风险成本。

游戏外挂可以算是恶意代码的一种,游戏外挂的存在会扰乱游戏的正常工作,破坏游戏的平衡性。为了防范游戏外挂的运行,本实验通过使用现有的工具对游戏外挂进行检测。

### 5.5.2 实验原理和基础

使用的工具及其使用方法介绍如下:

(1) GameSpider.dll 是一款 Windows 平台下的外挂和游戏辅助分析工具。它是一个 DLL 模块,需要注入一个 GUI 程序中。因为目前无论是外挂还是游戏,都加强了反调试策略,分析的时候往往会阻塞调试器,从而妨碍调试。又因为在 Windows 平台上注入一个模块相对比较简单,所以综合看编写一个寄生模块,使其与被分析程序在同一个进程空间中,可以更好地进行检测。该工具具体的命令如图 5.54 所示。

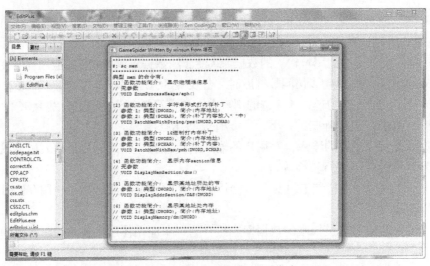

图 5.54　GameSpider.dll 工具命令

(2) DLL 注入工具共两个,第一个可以将 DLL 注入到系统进程中的,但存在一个问题:不能卸载已经注入到进程中的 DLL 文件(图 5.55)。所以,如果需要卸载的话,就需要第二个 DLL 注入工具(图 5.56),操作方法可见之后的实验内容。DLL 注入也可以直接运行 C 语言的代码,但是由于系统的限制性,同一个代码在不同的系统不一定能够正常运行,所以本次实验直接使用 DLL 注入工具。

第 5 章　网络攻击技术

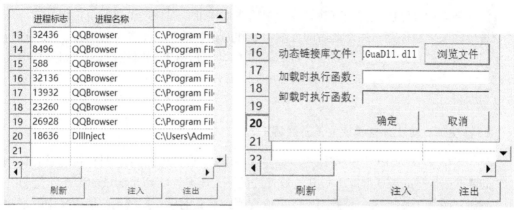

图 5.55　DLL 注入工具 1　　　　　图 5.56　DLL 注入工具 2

（3）Beyond Compare 4（以下简称 BC）是一款可以对文件和文件进行比较的软件，主界面如图 5.57 所示，1 用来打开文件 1，2 打开文件 2，该软件可以显示两个文件不同的地方，不同处用红色文字标出，相同的地方用蓝色文字标出。

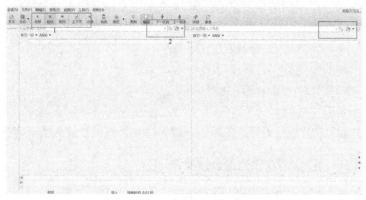

图 5.57　BC 主界面

（4）OllyDbg（以下简称 OD）是一个新的动态追踪工具，具体的使用方法和介绍见实验内容。

### 5.5.3　实验环境

PC，Windows 7 64 位操作系统（Windows 10 64 位操作系统、Windows 8.1 32 位操作系统部分功能如 GameSpider.dll 不能实现）。

### 5.5.4　实验要求

进行游戏外挂的检测分为两个实验模块。

#### 1. 模块一：修改游戏代码的外挂检测

通过使用 GameSiper.dll 工具对游戏的代码进行修改，具体过程是：使用 GameSpider

工具注入到应用程序中，首先查找游戏的起始线程地址，对该地址进行反汇编，对汇编指令进行修改之后保存，用修改后的汇编指令和原程序的汇编指令进行对比，最终通过对比确定修改的位置。如果遇到有大量的不同，可以使用 BC 软件进行对比，将修改之后的汇编指令生成的 TXT 文件和原本程序的汇编 TXT 文件放到 BC 软件中，BC 将定位修改的内容。

### 2. 模块二：防止外挂模块注入游戏客户端

使用 OD 工具来查看是否有外挂模块注入到游戏的客户端当中，具体过程是：使用 OD 观察正在运行的游戏程序，打开游戏外挂的注入工具，将用来测试的游戏外挂 DLL 注入到游戏程序当中，这个时候用 OD 可以观测到有新的模块加载到应用程序中，通过观察可以确定新的模块是否是外挂模块。之后使用 DLL 卸载工具将已经注入到游戏中的外挂卸载掉，OD 中可以观察到外挂模块消失。

## 5.5.5 实验内容和步骤

从外挂对游戏进程利用的角度来看，外挂的行为无非有如下几种：
（1）修改游戏代码；
（2）Call 游戏函数，属于未授权访问行为；
（3）修改游戏的关键数据，属于篡改行为；
（4）防止外挂模块注入游戏客户端。
之后的两个实验主要针对（1）、（4）进行。
本次实验主要是对游戏代码篡改的检测，以及防止外挂模块注入游戏客户端的检测。

### 1. 实验模块一：修改游戏代码的外挂检测

使用到的工具已经在工具部分进行了介绍。

事实上，修改游戏代码是很容易被反外挂系统检测到的，只要给代码段加一个校验功能，基本上就能检测出来。但是，检测外挂人员其实更加关注的是代码被修改的位置，快速地定位到已经被修改代码的地址。

在这里可以举一个简单的例子，在多人角色扮演的格斗游戏中常有一种外挂，会提供一种称为"无敌"的功能。"无敌"即角色被攻击时不掉血，想要实现这种外挂其实可以通过修改逻辑判断的方法，例如，将汇编语句中本应是 JZ 的指令修改成 JNZ 就可以实现无敌了，甚至可以将扣血改为加血。想要检测出这种修改并对其进行定位，要用到 Game Spider 这个工具。

（1）将"EditPlus.exe"假设作为一个游戏进程，将 Game Spider 分析模块注入到"EditPlus.exe"进程中，之后执行"sam"命令用来保存信息。

（2）输入"gtl"命令查看线程的相关信息（图 5.58），可以看到，"EditPlus.exe"线程的起始地址是 550aa5（图中方框标出），之后输入命令"da 550aa5"，对"550aa5"这个地址的代码进行反汇编，显示的结果同样在图 5.58 中。

第 5 章 网络攻击技术 · 137 ·

图 5.58 查看线程相关信息及修改

（3）对文件的汇编代码进行修改，输入"pmh 55ab1 52"，即将地址为"55ab1"的代码修改为"52"（图 5.58 程序中该地址的数值原本为"51"）。

（4）看到完成之后，再次输入"da 550aa5"，对地址为"550aa5"的代码进行反汇编，看到修改成功。该工具具有自动对比并定位的功能，直接输入"cmf"命令即可对比。输入"cmf EditPlus.exe"，可以看到如图 5.59 所示的结果（方框标出）。

图 5.59 输入"cmf EditPlus.exe"结果窗口显示

测试完软件之后可以对游戏进行测试，选择的是一款马里奥游戏，游戏已经附在了测试文件中。

（1）打开游戏，将 GameSpider.dll 注入到游戏中（图 5.60）。

（2）输入"sam"命令进行保存，输入"em"命令可以看到游戏的位置及其所属模块（图 5.61）。

（3）输入"gtl"，定位游戏的线程起始地址，可以看到是"405e10"（图 5.62）。

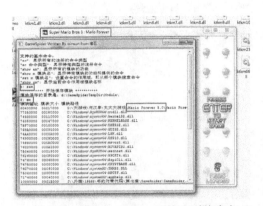
图 5.60 将 GameSpider.dll 注入到游戏中

图 5.61 游戏位置及其所属模块

图 5.62 定位游戏的线程起始地址

(4)输入"da 405e10",对该段地址的代码进行反汇编(图 5.63),例如,将"405e13"地址的内容进行修改(图 5.64)。

图 5.63 对该段地址的代码进行反汇编

(5)修改再次反汇编发现有大量不同,这时候可以使用另一个工具 BC,将文件导出为 TXT 文件(图 5.65)。

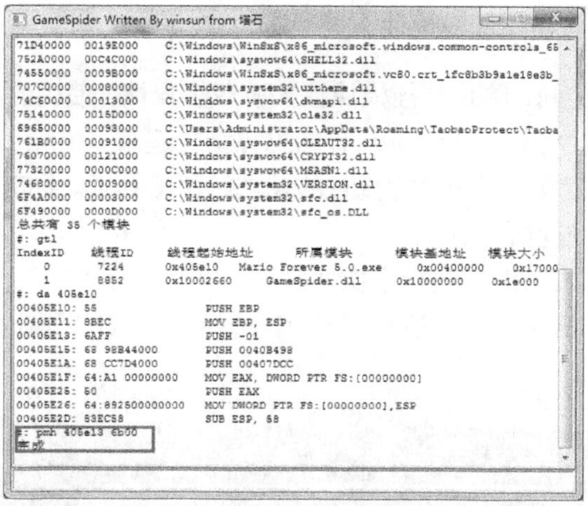

图 5.64 将"405e13"地址的内容进行修改

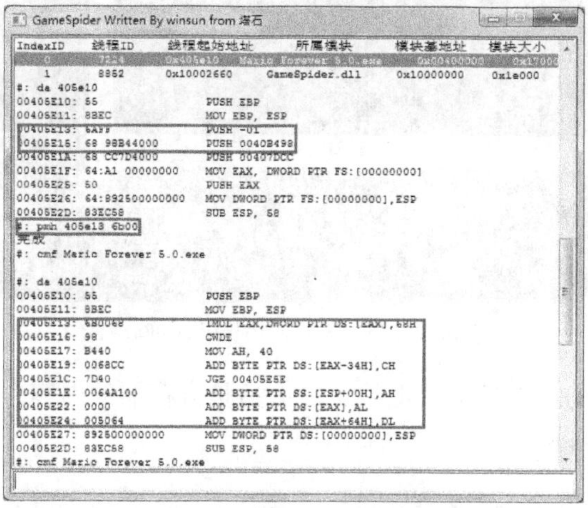

图 5.65 使用 BC 导出文件

（6）BC 的界面如图 5.66 所示，左边是原汇编指令，右边为修改后的汇编指令，1 的部分代表不同，其余相同，通过这个软件可以很直观地看出汇编指令哪里进行了修改，同时该软件有更加高级的对比功能，用来进行更加深入的对比（图 5.66）。

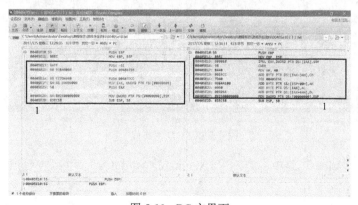

图 5.66 BC 主界面

## 2. 实验模块二：防止外挂模块注入游戏客户端

接下来是第二个实验，防止外挂模块注入游戏客户端，使用的工具是 OD。OD 是一个新的动态追踪工具，将 IDA 与 SoftICE 的思想结合起来，Ring 3 级调试器，非常容易上手，已代替 SoftICE 成为当今最为流行的调试解密工具了。同时，它还支持插件扩展功能，是目前最强大的调试工具。

以 EditPlus.exe 假设为游戏进行本次实验。

（1）打开"EditPlus.exe"，之后打开 OD，选择"Attach"（图 5.67）。

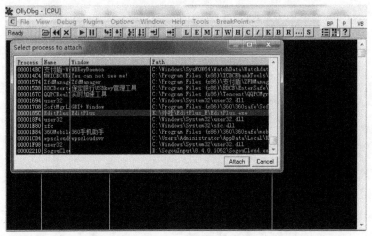

图 5.67　打开 OD，选择"Attach"

（2）OD 的界面的左上角为反汇编，右上角是寄存器的内容，左下角为地址和十六进制的数值（图 5.68）。

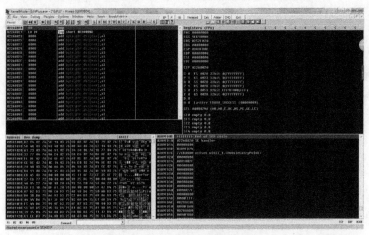

图 5.68　OD 主界面

（3）选择"View"菜单，查看"Executable Modules"，可以查看所有的加载模块（图 5.69）。

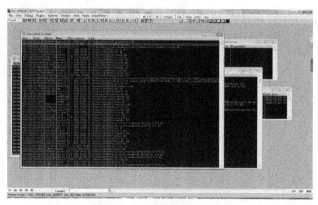

图 5.69 查看所有加载模块

（4）使用 DLL 注入工具将已经准备好的测试外挂 DLL 文件注入到"EditPlus.exe"当中，首先选择应用的 PID（图 5.70）。

图 5.70 选择该应用的 PID

（5）选择测试"WaiGua.dll"，该测试文件会弹出一个对话框，显示注入成功"inject success"（图 5.71）。

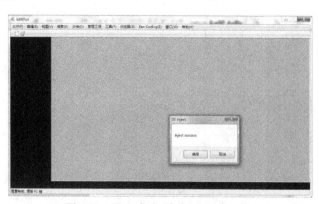

图 5.71 注入成功"inject success"

（6）通过查看注入 DLL 的工具同样可以看到 DLL 注入成功（图 5.72）。

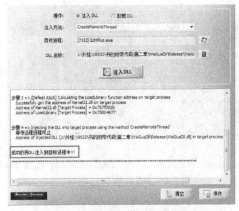

图 5.72　成功注入到目标进程

（7）这个时候返回 OD，观察原来的模块的部分多了一个新的 DLL 文件，由于设定好是加载到 10000000，在最前面就可以看到（方框标出）（图 5.73）。

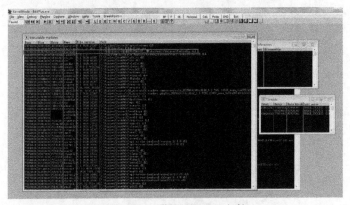

图 5.73　观察新的 DLL 文件

（8）这时候就可以确定该应用加载了外挂模块。图 5.74 为 DLL 模块的卸载，可以直接使用 DLL 注入工具来完成。

（a）

（b）

图 5.74　卸载 DLL

(9)卸载完成后回到 OD，发现外挂模块已经消失了（图 5.75）。

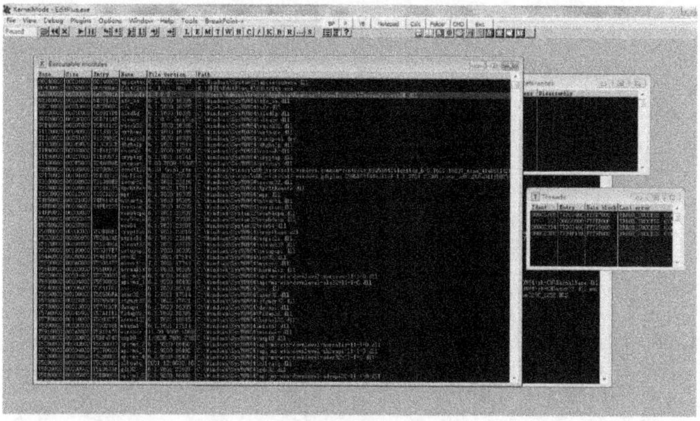

图 5.75 确认已卸载

其实 OD 还有很多功能，例如，Call Stack 检测，可以用来对未授权调用进行检测。

Call 函数是外挂最常用的一项功能，如自动攻击、释放技能等都会用到 Call 函数。因为目前的 Windows 客户端游戏大多是采用 C++语言来编写的，而 C++的多态机制更是在游戏编程中被广泛使用，所以，Call 函数的外挂中很大一部分是针对 Call 虚函数。所以就需要对虚函数调用进行监控和检测。使用 OD 就可以进行 Call Stack 检测。图 5.76 所示为 OD 的 Call Stack。

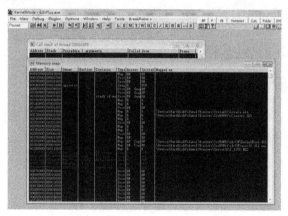

图 5.76 OD 的 Call Stack 功能

## 5.5.6 实验总结

本次进行的两个实验为防止数据修改和防范进程加载模块，需要注意的是，本实验要求在 Windows 7 的平台上进行操作，否则有些工具不能正常使用。

在外挂行为检测方面，修改数据的行为较难定位，因为不仅外挂会修改数据，游戏本身也有可能修改数据，即对于存放游戏数据的内存来说，不仅数据内容可能会变，有些游戏还可能会改变存放数据的地址。所以，单纯靠差异分析的方法来定位修改数据的行为是不可靠的，仍需要寻找更好的解决方案，例如，从线程转移和消息分流的角度来分析游戏外挂，值得后续思考。

# 第 6 章　网络防御技术

信息安全的内涵在不断地延伸，从最初的信息保密性发展到信息的完整性、可用性、可控性和不可否认性，进而又发展为"攻（攻击）、防（防范）、测（检测）、控（控制）、管（管理）、评（评估）"等多方面的基础理论和实施技术。其中，边界防护技术是指防止外部网络用户以非法手段进入内部网络，访问内部资源，保护内部网络操作环境的特殊网络互连设备，典型的设备有防火墙和入侵检测设备。本章实验是在上一章网络攻击技术的基础之上，对网络防御技术展开学习和实践，这部分是网络安全技术的核心。本章安排最常见也是最基础的防火墙、入侵检测、蜜罐等技术实践，引导大家一步一个脚印对网络防御技术进行了解和掌握。

## 6.1　Windows 防火墙实验

### 6.1.1　实验目的

使用 COMODO 配置防火墙的相关设置。

### 6.1.2　实验原理和基础

COMODO 是一款功能强大、高效且容易使用的防火墙，它提供了针对网络和个人用户的最高级别的保护，能够阻挡黑客的进入和个人资料的泄露，能够提供程序访问网络权限的底层最全面的控制能力，提供网络窃取的最终抵制，实时流量监视器可以在发生网络窃取和洪水攻击时迅速作出反应。

### 6.1.3　实验环境

一台安装了 COMODO 防火墙的 Windows 系统计算机。

### 6.1.4　实验要求

使用 COMODO 防火墙软件，逐步配置规则。

### 6.1.5　实验内容和步骤

在计算机右下角右击 "COMODO Firewall" 快捷图标，在弹出的窗口中选择 "自动沙盒"，安全级别为 "启用"（图 6.1）。

# 第 6 章 网络防御技术

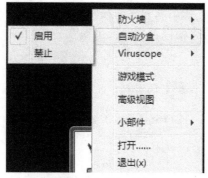

图 6.1 启用自动沙盒

打开程序，程序首页如图 6.2 所示。

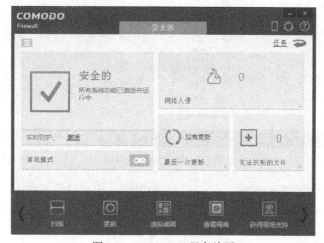

图 6.2 COMODO 程序首页

单击右上角的【任务】，在出现的界面中选择"防火墙任务"（图 6.3）。

图 6.3 防火墙任务

单击【打开高级设置】，在出现的界面左侧栏中选择"防火墙"→"防火墙设置"，按照图 6.4 所示设置，将防火墙设置为"安全模式"，警告频率级别设置为"很高"，勾选"阻止分片的 IP 包"。

图 6.4 防火墙设置界面

在左侧栏中选择"防火墙"→"应用程序规则"，出现如图 6.5 所示界面，在此界面可以配置防火墙对应用程序的规则。

图 6.5 应用程序规则界面

双击其中一个应用程序，此例中双击【COMODO 互联网安全套装】，出现如图 6.6 所示窗口。在此窗口可选择对此程序应用的规则。首先示范使用几个可选的规则，选中"使用规则"，单击右边的编辑框里的下拉三角号，可从几个预设的规则中选择，此例中选择"允许的程序"。

图 6.6 使用预定的规则配置

下面示范对程序应用自定义的规则。双击其中一个应用程序，此例中双击【Windows 更新应用程序】，出现如图 6.7 所示的窗口。在此窗口选中"使用自定义规则"，单击下面的【添加】，先建一条阻止的规则：行为"阻止"，协议"IP"，方向"入或出"，源地址和目的地址"任意地址"，即如图 6.8 所示设置，单击【确定】。然后再添加一条规则：行为"允许"，协议"UDP"，方向"出"，源地址和目标地址"任意地址"，源端口"4000"～"4010"，目的端口 8000，即如图 6.9 所示设置，单击【确定】。在如图 6.10 所示应用程序规则界面可以看到刚添加的两条规则，但这里是有优先级的，"⊘"要在"√"的下方，如果不换位置的"√"的规则就不起作用，选择"⊘"的规则，单击【下移】，最后单击【确定】，即配置完成。

图 6.7 使用自定义的规则配置

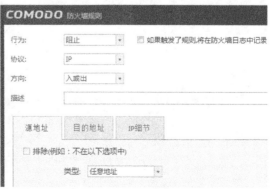

图 6.8 添加一条阻止的规则

图 6.9 添加一条允许的规则　　图 6.10 对一个应用程序使用自定义规则配置

在 COMODO 高级设置左侧栏中选择"安全设置"→"防御+"→"HIPS"→"HIPS 设置",按照图 6.11 所示设置,将 HIPS 设置为"安全模式"。

图 6.11 HIPS 设置界面

单击左侧栏【HIPS 规则】,出现如图 6.12 所示界面,在此界面可以配置对程序应用的 HIPS 规则。双击其中一个应用程序,出现如图 6.13 所示窗口。在此窗口可选择对此程序应用的规则,可以从预设的几个规则中选择,也可以自定义规则。在此示范自定义规则配置(图 6.14)。

图 6.12 配置 HIPS 规则　　　　　　　图 6.13 配置自定义规则——访问权限

## 第 6 章 网络防御技术

图 6.14 配置自定义规则——保护设置

在 COMODO 高级设置左侧栏中选择"安全设置"→"沙盒"→"沙盒设置",按照图 6.15 所示设置。

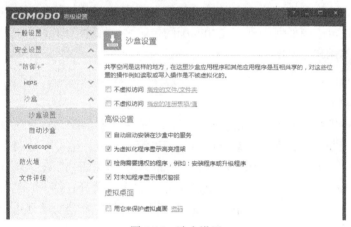

图 6.15 沙盒设置

### 6.1.6 实验总结

软件防火墙单独使用软件系统来完成防火墙功能,将软件部署在系统主机上。COMODO 防火墙经历过一系列的配置和设置,提升了主机系统安全等级,保证了信息系统的安全。

## 6.2 Linux 防火墙实验

### 6.2.1 实验目的

防火墙在做信息包过滤决定时,有一套遵循和组成的规则,这些规则存储在专用的信息包过滤表中，而这些表集成在 Linux 内核中。在信息包过滤表中，规则被分组放在所谓的链（chain）中。而 netfilter/iptablesIP 信息包过滤系统是一款功能强大的工具，可用于添加、编辑和移除规则。

本次实验在 VMware 虚拟机中安装 Linux ISO，自带 iptables。了解 iptables 工作机理，熟练掌握 iptables 包过滤命令及规则，学会利用 iptables 对网络事件进行审计，熟练掌握 iptables NAT 工作原理及实现流程，学会利用 iptables+squid 实现 Web 应用代理，和 Linux 防火墙基本配置。

### 6.2.2 实验原理和基础

防火墙是一款确保信息安全的设备，会依照特定的规则，允许或是限制传输的数据通过。防火墙可以是一台专属的硬件，也可以是架设在一般硬件上的一套软件。

iptables 是一个工作于用户空间的防火墙应用软件，是与 3.5 版本 Linux 内核集成的 IP 信息包过滤系统。如果 Linux 系统连接到 Internet、LAN、服务器或连接 LAN、Internet 的代理服务器，那么该系统有利于在 Linux 系统上更好地控制 IP 信息包过滤和防火墙配置。

设置、维护和检查 Linux 内核的 IP 包过滤规则，可以定义不同的表，每个表都包含几个内部的链，也能包含用户定义的链。每个链都是一个规则列表，对对应的包进行匹配；每条规则指定应当如何处理与之相匹配的包。这被称为"target"（目标），也可以跳向同一个表内的用户定义的链。

命令说明：

1）TARGETS

防火墙的规则指定所检查包的特征和目标。如果包不匹配，将送往该链中下一条规则检查；如果匹配，那么下一条规则由目标值确定。该目标值可以是用户定义的链名，或是某个专用值，如 ACCEPT[通过]、DROP[删除]、QUEUE[排队]、RETURN[返回]。

ACCEPT 表示让这个包通过；DROP 表示将这个包丢弃；QUEUE 表示把这个包传递到用户空间；RETURN 表示停止这条链的匹配，到前一个链的规则重新开始。如果到达了一个内建的链（的末端），或者遇到内建链的规则是 RETURN，包的命运将由链准则指定的目标决定。

2）TABLES

当前有三个表（哪个表是当前表取决于内核配置选项和当前模块）。

3）-t --table

这个选项指定命令要操作的匹配包的表。如果内核被配置为自动加载模块，这时若模块没有加载，（系统）将尝试（为该表）加载适合的模块。这些表包括 filter（这是默认的表，包含了内建的链 INPUT）（处理进入的包）、FORWARD（处理通过的包）和 OUTPUT（处理本地生成的包）。nat 这个表被查询时表示遇到了产生新的连接的包，由三个内建的链构成：PREROUTING（修改到来的包）、OUTPUT（修改路由之前本地的包）、POSTROUTING（修改准备出去的包）。mangle 这个表用来对指定的包进行修改，它有两个内建规则：PREROUTING（修改路由之前进入的包）和 OUTPUT（修改路由之前本地的包）。

4）OPTIONS

这些可被 iptables 识别的选项可以区分不同的种类。

5）COMMANDS

这些选项指定执行明确的动作：若指令行下没有其他规定，该行只能指定一个选项。对于长格式的命令和选项名，所用字母长度只要保证 iptables 能从其他选项中区分出该指令就行了。

6）-A --append

在所选择的链末添加一条或更多规则。当源地址或/与目的地址转换为多个地址时，这条规则会加到所有可能的地址（组合）后面。

7）-D --delete

从所选链中删除一条或更多规则。这条命令可以有两种方法：把被删除规则指定为链中的序号（第一条序号为 1），或者指定为要匹配的规则。

8）-R --replace

从选中的链中取代一条规则。如果源地址或/与目的地址被转换为多地址，该命令会失败。规则序号从 1 开始。

9）-I --insert

根据给出的规则序号向所选链中插入一条或更多规则。如果规则序号为 1，规则会被插入链的头部。这也是不指定规则序号时的默认方式。

10）-L --list

显示所选链的所有规则。如果没有选择链，所有链将被显示。也可以和 Z 选项一起使用，这时链会被自动列出和归零。精确输出受其他所给参数影响。

11）-F --flush

清空所选链。这等于把所有规则一个个地删除。

12）-Z --zero

把所有链的包及字节的计数器清空。它可以和-L 配合使用，在清空前察看计数器，请参见前文。

13）-N --new

根据给出的名称建立一个新的用户定义链。这必须保证没有同名的链存在。

14）-X --delete-chain

删除指定的用户自定义链。这个链必须没有被引用，如果被引用，在删除之前必须删除或替换与之有关的规则。如果没有给出参数，这条命令将试着删除每个非内建的链。

15）-P --policy

设置链的目标规则。

16）-E --rename-chain

根据用户给出的名字对指定链进行重命名，这仅仅是修饰，对整个表的结构没有影响。TARGETS 参数给出一个合法的目标。只有非用户自定义链可以使用规则，而且内建链和用户自定义链都不能是规则的目标。

17）-H --help

帮助。给出当前命令语法非常简短的说明。

### 6.2.3 实验环境

实验使用 VMware 创建 Linux 虚拟机，工具包括 iptables、Nmap、Ulogd。

### 6.2.4 实验要求

利用 iptables 对网络事件进行审计，熟练掌握 iptables NAT 工作原理及其实现流程，学会利用 iptables+squid 实现 Web 应用代理和 Linux 防火墙基本配置。

### 6.2.5 实验内容和步骤

**1. iptables 包过滤**

（1）本任务主机 A、B 为一组，C、D 为一组，E、F 为一组。首先使用恢复 Linux 系统环境。为了应用 iptables 包过滤功能，首先将 filter 链表的所有链规则清空，并设置链表默认策略为 DROP。通过向 INPUT 规则链插入新规则，依次允许同组主机 icmp 回显请求、Web 请求，最后开放信任接口 eth0。iptables 操作期间需同组主机进行操作验证（图 6.16）。

图 6.16 ifconfig 命令结果

（2）同组主机单击工具栏中【控制台】按钮，使用 Nmap 工具对当前主机进行端口扫描。Nmap 端口扫描命令 "Nmap -sS -T5" 同组主机 IP，查看端口扫描结果。

（3）查看 INPUT、FORWARD 和 OUTPUT 链默认策略。

iptables 命令（图 6.17）：

```
iptables -t filter -L
```

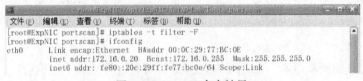

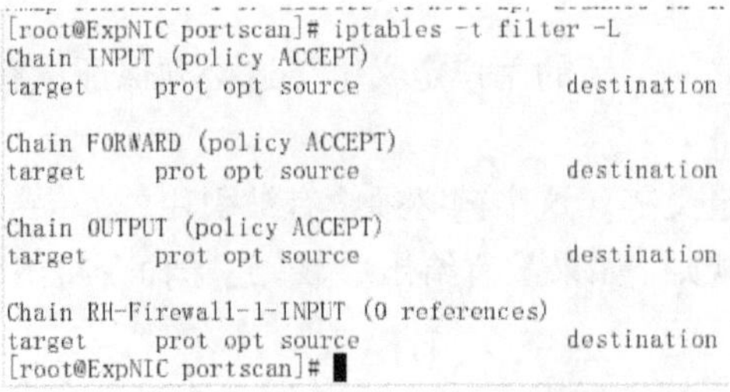

图 6.17 tptables 命令执行结果

（4）将 INPUT、FORWARD 和 OUTPUT 链默认策略均设置为 DROP。
iptables 命令：

    iptables -P INPUT DROP
    iptables -P FORWARD DROP
    iptables -P OUTPUT DROP

同组主机利用"Nmap"命令对当前主机进行端口扫描，查看扫描结果（图 6.18），并利用"Ping"命令进行连通性测试（图 6.19）。

图 6.18 "Nmap"命令结果

图 6.19 "Ping"命令连通性结果

（5）利用功能扩展命令选项（ICMP）设置防火墙，仅允许 ICMP 回显请求及回显应答。
ICMP 回显请求类型 8，代码 0。
ICMP 回显应答类型 0，代码 0。
iptables 命令：

```
iptables -I INPUT -p icmp --icmp-type 8/0 -j ACCEPT
iptables -I OUTPUT -p icmp --icmp-type 0/0 -j ACCEPT
```
利用"Ping"指令测试本机与同组主机的连通性。

(6) 对外开放 Web 服务（默认端口 80/tcp）。

iptables 命令：
```
iptables -I INPUT -p tcp --dport 80 -j ACCEPT
iptables -I OUTPUT -p tcp --sport 80 -j ACCEPT
```
同组主机利用 Nmap 对当前主机进行端口扫描，查看扫描结果（图 6.20）。

```
[root@ExpNIC portscan]# nmap -sS -T5 172.16.0.63
Starting Nmap 4.20 ( http://insecure.org ) at 2015-04-15 10:35 CST
Interesting ports on 172.16.0.63:
Not shown: 1692 closed ports
PORT     STATE SERVICE
21/tcp   open  ftp
23/tcp   open  telnet
80/tcp   open  http
111/tcp  open  rpcbind
443/tcp  open  https
MAC Address: 00:0C:29:6A:B5:F9 (VMware)

Nmap finished: 1 IP address (1 host up) scanned in 0.159 seconds
[root@ExpNIC portscan]#
```

图 6.20　Nmap 扫描结果

(7) 设置防火墙允许来自 eth0（假设 eth0 为内部网络接口）的任何数据通过。

iptables 命令：
```
iptables -A INPUT -i eth0 -j ACCEPT
iptables -A OUTPUT -o eth0 -j ACCEPT
```
同组主机利用 Nmap 对当前主机进行端口扫描，查看扫描结果。

## 2. 事件审计实验

操作概述：利用 iptables 的日志功能检测、记录网络端口扫描事件，日志路径"/var/log/iptables.log"。

(1) 清空 filter 表所有规则链规则。

iptables 命令：
```
iptables -F
```

(2) 根据实验原理（TCP 扩展）设计 iptables 包过滤规则，并应用日志生成工具 ULOG 对 iptables 捕获的网络事件进行响应。

iptables 命令如图 6.21 所示。

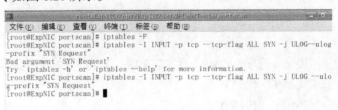

图 6.21　iptables 命令

（3）同组主机应用端口扫描工具对当前主机进行端口扫描，并观察扫描结果。

（4）在同组主机端口扫描完成后，当前主机查看 iptables 日志，对端口扫描事件进行审计。

**3. 状态检测实验**

操作概述：分别对新建和已建的网络会话进行状态检测。

1）对新建的网络会话进行状态检测

（1）清空 filter 规则链全部内容。

（2）设置全部链表默认规则为允许。

（3）设置规则禁止任何新建连接通过。

iptables 命令如图 6.22 所示。

```
[root@ExpNIC portscan]# iptables -F
[root@ExpNIC portscan]# iptables -P INPUT ACCEPT
[root@ExpNIC portscan]# iptables -P FORWARD ACCEPT
[root@ExpNIC portscan]# iptables -P OUTPUT ACCEPT
[root@ExpNIC portscan]# iptables -A INPUT -m state --state NEW -j DROP
[root@ExpNIC portscan]#
```

图 6.22  iptables 命令

（4）同组主机对当前主机防火墙规则进行测试，验证规则正确性。

2）对已建的网络会话进行状态检测

（1）清空 filter 规则链全部内容，并设置默认规则为"允许"。

（2）同组主机首先 Telnet 远程登录当前主机，当出现"login:"界面时，暂停登录操作。telnet 登录命令如图 6.23 所示。

```
[root@ExpNIC portscan]# iptables -F
[root@ExpNIC portscan]# iptables -P INPUT ACCEPT
[root@ExpNIC portscan]# iptables -P FORWARD ACCEPT
[root@ExpNIC portscan]# iptables -P OUTPUT ACCEPT
[root@ExpNIC portscan]# telent 172.16.0.63
bash: telent: command not found
[root@ExpNIC portscan]# telnet 172.16.0.63
Trying 172.16.0.63...
Connected to 172.16.0.63 (172.16.0.63).
Escape character is '^]'.
Fedora Core release 5 (Bordeaux)
Kernel 2.6.15-1.2054_FC5 on an i686
login:
```

图 6.23  Telnet 命令

（3）iptables 添加新规则（状态检测）——仅禁止新建网络会话请求。

同组主机续步骤（2）继续执行登录操作，尝试输入登录用户名"guest"及其口令"guestpass"，登录不成功。

同组主机启动 Web 浏览器访问当前主机 Web 服务，访问不成功。

（4）删除步骤（3）中添加的规则。

（5）同组主机重新 Telnet 远程登录当前主机，当出现"login:"界面时，暂停登录操作。

（6）iptables 添加新规则（状态检测）——仅禁止已建网络会话请求。

同组主机续步骤（5）继续执行登录操作，登录是否成功？

同组主机启动 Web 浏览器访问当前主机 Web 服务，访问是否成功？

（7）当前主机再次清空 filter 链表规则，并设置默认策略为 DROP，添加规则开放 FTP 服务，并允许远程用户上传文件至 FTP 服务器。

iptables 命令如图 6.24 所示。

```
[root@ExpNIC portscan]# iptables -F
[root@ExpNIC portscan]# iptables -P INPUT DROP
[root@ExpNIC portscan]# iptables -P FORWARD DROP
[root@ExpNIC portscan]# iptables -P OUTPUT DROP
[root@ExpNIC portscan]# iptables -A INPUT -p tcp --dport 21 -j ACCEPT
[root@ExpNIC portscan]# iptables -A INPUT -m state --state ESTABLISHED,RELATED -
j ACCEPT
[root@ExpNIC portscan]# iptables -A OUTPUT -p tcp --sport 21 -j ACCEPT
[root@ExpNIC portscan]# iptables -A OUTPUT -m state --state ESTABLISHED -j ACCEP
T
```

图 6.24 iptables 命令

同组主机尝试上传文件，成功。

### 6.2.6 实验总结

Linux 上的防火墙配置较 Windows 相比多了许多步骤，因为多数 Linux 工具没有图形化界面。通过一系列的配置，熟悉了解 iptables 工作机理，熟练掌握 iptables 包过滤命令及其规则，学会利用 iptables 对网络事件进行审计，熟练掌握 iptables NAT 工作原理及其实现流程，学会利用 iptables+squid 实现 Web 应用代理，和 linux 防火墙基本配置，那么此次试验的目的就达到了。

## 6.3 基于 Snort 搭建入侵检测系统

### 6.3.1 实验目的

通过实验深入理解入侵检测系统（IDS）的原理和工作方式，熟悉 Snort 在 Windows 操作系统中的安装和配置方法。练习添加规则，用来对符合该规则的数据包进行检测。

### 6.3.2 实验原理和基础

**1. Snort IDS 概述**

Snort IDS 是一个强大的网络入侵检测系统，它具有实时数据流量分析和记录 IP 网络数据包的能力，能够进行协议分析，对网络数据包内容进行搜索/匹配，还能够检测各种不同的攻击方式，对攻击进行实时报警。此外，Snort IDS 是开源的入侵检测系统，并具有很好的扩展性和可移植性。

## 2. Snort IDS 体系结构

如图 6.25 所示,Snort IDS 的结构由 4 大软件模块组成,它们分别是:

(1)事件产生器——负责监听网络数据包,对网络进行分析;

(2)事件数据库——用相应的插件来检查原始数据包,从中发现原始数据的"行为",如端口扫描、IP 碎片等,数据包经过预处理后才传到检测引擎;

(3)事件分析器——Snort 的核心模块,当数据包从预处理器送过来后,检测引擎依据预先设置的规则检查数据包,一旦发现数据包中的内容和某条规则相匹配,就通知报警模块;

(4)响应单元——经检测引擎检查后的 Snort 数据需要以某种方式输出,如果检测引擎中的某条规则被匹配,则会触发一条报警,这条报警信息会通过网络、UNIXsocket、WindowsPopup(SMB)、SNMP 协议的 TRAP 命令传送给日志文件,甚至可以将报警传送给第三方插件(如 SnortSam),另外报警信息也可以记入 SQL 数据库。

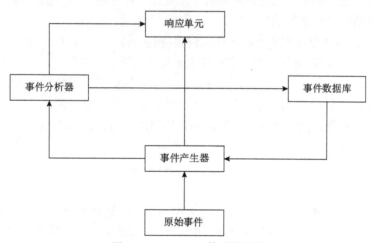

图 6.25  Snort IDS 体系结构图

## 3. Snor IDS 三种工作方式

Snort 拥有嗅探器、数据包记录器和入侵检测三大基本功能。嗅探器模式仅从网络上读取数据包并作为连续不断的流显示在终端上,常用命令"snort-dev"。数据包记录器模式是把数据包记录到硬盘上,常用命令"snort-b"。网络入侵检测模式是最复杂的,而且是可配置的,可以让 Snort 分析网络数据流以匹配用户定义的一些规则,并根据检测结果采取一定的动作。

## 4. Snort 规则

Snort 规则定义:Snort 使用一种简单的规则描述语言,这种描述语言易于扩展,功能也比较强大。Snort 规则是基于文本的,规则文件按照不同的组进行分类,例如,文件"ftp.rules"包含了 FTP 攻击内容。Snort 的每条规则必须在一行中,它的规则解释器无法对跨行的规则进行解析。Snort 的每条规则都可以分成逻辑上的两个部分——规则头和规则体。

规则头包括规则行为、协议、源信息、目的信息4个部分。图6.26是对规则头的描述。

图6.26 规则头描述图

Snort规则头 Snort预置的规则动作有5种：

（1）pass。动作选项pass将忽略当前的包，后继捕获的包将被继续分析。

（2）log。动作选项log将按照自己配置的格式记录包。

（3）alert。动作选项alert将按照自己配置的格式记录包，然后进行报警。它的功能强大，但是必须使用恰当，因为如果报警记录过多，从中攫取有效信息的工作量增大，反而会使安全防护工作变得低效。

（4）dynamic。动作选项dynamic是比较独特的一种，它保持在一种潜伏状态，直到activate类型的规则将其触发，之后它将像log动作一样记录数据包。

（5）activate。动作选项activate功能强大，当被规则触发时生成报警，并启动相关的dynamic类型规则。在检测复杂的攻击或对数据进行归类时，该动作选项相当有用。

除了以上5种预置的规则动作类型，用户还可以定制自己的类型。

下面是一个规则实例：

```
alert tcp !192.168.0.1/24 any→any 21 (content:"USER";msg:"FTP Login";)
```

"alert"表示规则动作为报警；"tcp"表示协议类型为TCP协议；"!192.168.0.1/24"表示源IP地址不是192.168.0.1/24；第一个"any"表示源端口为任意端口；"→"表示发送方向操作符；第二个"any"表示目的IP地址为任意IP地址；"21"表示目的端口为21；"content:"USER""表示匹配的字符串为"USER"；"msg:"FTPLogin""表示报警信息为"FTPLogin"。

此外，还有一个双向操作符"<>"，它使Snort对这条规则中两个IP地址/端口之间的数据传输进行记录/分析，如Telnet或POP3对话。下面的规则表示对一个Telnet对话的双向数据传输进行记录：

```
log 192.168.0.1/24 any < > 192.168.0.1/24 23
```

activate/dynamic规则对扩展了Snort功能。使用activate/dynamic规则对，能够使用一条规则激活另一条规则，当一条特定的规则启动，如果想要Snort接着对符合条件的数据包进行记录时，使用activate/dynamic规则对非常方便。除了一个必需的选项activates外，激活规则非常类似于报警规则（alert）。动态规则（dynamic）和日志规则（log）也很相似，不过它需要一个选项activated_by。动态规则还需要另一个选项count。当一个激活规则启动，它就打开由activate/activated_by选项之后的数字指示的动态规则，记录count个数据包。

下面是一条activate/dynamic规则对的规则：

```
    activate tcp any any → any 23 (activates:111;msg:"Telnet
Login";)
    dynamic tcp any any → any 23 (activated_by:111;count:20;)
```
当发现 Telnet 默认使用的 23 端口有通信,activate 规则会被触发并启动 dynamic 规则,然后 dynamic 规则将遵循配置,记录后面的 20 个数据包。在上面的例子里,activate 规则的"activates"值为 111,dynamic 规则的"activated_by"值为 111,这样就把两个规则关联起来,而不是因为这两个规则有相同的规则头。

**5. Snort 主要选项参数**

Snort 采用命令行方式运行,格式如下:

```
snort -[options]<filters>
```

options 为选项参数;filters 为过滤器。

-A<alert>设置报警方式为 full、fast 或 none。在 full 方式下,Snort 将传统的报警信息格式写入报警文件,报警内容比较详细;在 fast 方式下,Snort 只将报警时间、报警内容、报警 IP 地址和端口号写入文件;在 none 方式下,系统将关闭报警功能。

(1)-a 显示 ARP 包。-b 以 tcpdump 的格式将数据包记入日志。所有的数据包将以二进制格式记录到 Snort.log 文件中。这个选项提高了 Snort 的操作速度,因为直接以二进制存储,省略了转换为文本文件的时间,通过-b 选项的设置,Snort 可以在 100Mbps 的网络环境中正常工作。

(2)-c<cf>使用配置文件<cf>。文件内容主要控制系统哪些包需要记入日志,哪些包需要报警,哪些包可以忽略等。

(3)-C 仅抓取包中的 ASCII 字符。

(4)-d 抓取应用层的数据包。

(5)-D 在守护模式下运行 Snort。

(6)-e 显示和记录数据链路层信息。

(7)-F<bpf>从文件<bpf>中读取 BPF 过滤信息。

(8)-h<hn>设置<hn>(C 类 IP 地址)为内部网络。当使用这个开关时,所有外部的流量将会有一个方向箭头指向右边,所有内部的流量将会有一个左箭头。这个选项没有太大的作用,但是可以使显示的包的信息格式比较容易察看。

(9)-i<if>使用网络接口文件<if>。

(10)-l<ld>将包信息记录到目录<ld>下。设置日志记录的分层目录结构,按接收包的 IP 地址将抓取的包存储在相应的目录下。

(11)-n<num>处理完<num>包后退出。

(12)-N 关闭日志功能,报警功能仍然工作。

(13)-p 关闭混杂模式的嗅探。这个选项在网络严重拥塞时十分有效。

(14)-r<tf>读取 tcpdump 生成的文件<tf>,Snort 将读取和处理这个文件。

(15)-s 将报警信息记录到系统日志,日志文件可以出现在"/var/log/messages"目录里。

（16）-v 将包信息显示到终端时，采用详细模式。这种模式存在一个问题：它的显示速度比较慢，如果是在 IDS 网络中使用 Snort，最好不要采用详细模式，否则会丢失部分包信息。

（17）-V 显示版本号，并退出。

### 6.3.3 实验环境

（1）硬件：安装 Windows 系统并连接网络的一台 PC 机；
（2）软件：Snort，WinPcap，Nmap-7.50。

### 6.3.4 实验要求

（1）学习网络入侵检测原理与技术；
（2）理解 Snort 网络入侵检测基本；
（3）学习和掌握 Snort 网络入侵检测系统的安装、配置和操作。

### 6.3.5 实验内容和步骤

**1. 下载并安装 WinPcap**

在默认选项和默认路径下安装 WinPcap 软件。

**2. 安装 Snort**

在官网"http://www.snort.org"下载最新版的 Windows 平台下的 Snort 安装包，安装时最好将安装路径改为 C 盘根目录下。

**3. 设置环境变量**

在安装完成后，在 Windows 10 搜索框内搜索"环境变量"。
在弹出的对话框单击【环境变量】将"C:\Snort\bin"添加到用户的"PATH"变量中（图 6.27）。

图 6.27　添加环境变量

## 第 6 章 网络防御技术

**4. 查看 Snort 帮助**

同时按住"Win+R"键输入"cmd",然后输入路径"cd C:\Snort\bin"(图 6.28)。

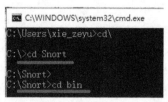

图 6.28 命令行

可以用"snort -?"查看相关的命令(图 6.29)。

图 6.29 "snort -?"命令结果

**5. 查看网卡**

在命令行窗口输入"snort –W"命令,可以查看实验主机网卡,并有一个小猪图案,这表明 Snort 安装成功(图 6.30)。

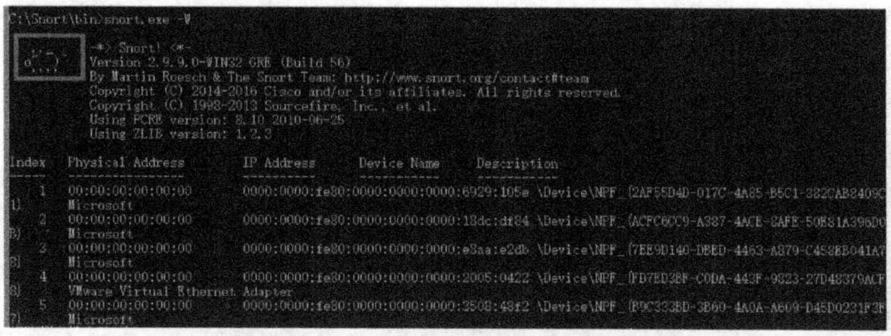

图 6.30 "snort -W"命令查看网卡

**6. 配置 Snort**

Snort 安装成功后并不代表 Snort 可以成功运行,首先在命令行窗口输入如下命令:

```
snort -c C:\Snort\etc\snort.conf -l C:\snort\log -d-e-x
```

Snort命令是大小写敏感的,所以在写命令参数和文件路径时一定要注意大小写字母正确。

1)修改配置文件路径

这时命令行窗口报了一个错误:

ERROR: c:\snort\etc\snort.conf（247）Could not stat dynamic module path "/usr/local/lib/snort_dynamicpreprocessor/": No such file or directory

这是由于 Snort 软件的配置文件 snort.conf 默认的路径针对的是 Linux，在 Windows 下面必须要改路径，而且是绝对路径，修改方法如图 6.31 所示。修改完成后还要到 "C:\Snort\lib" 目录下面新建一个 snort_dynamicrules 文件夹（图 6.32）。

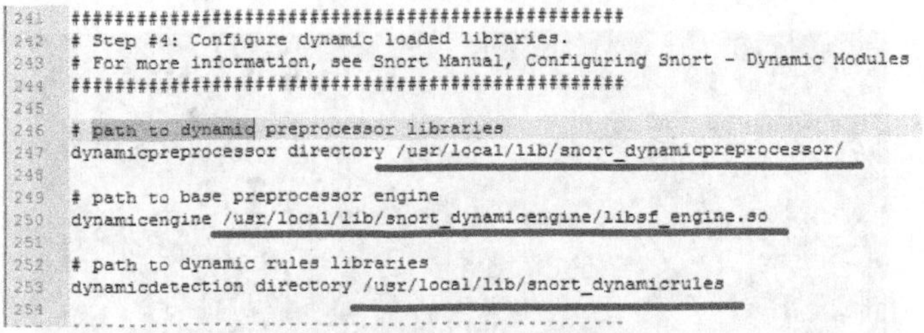

图 6.31 配置文件信息

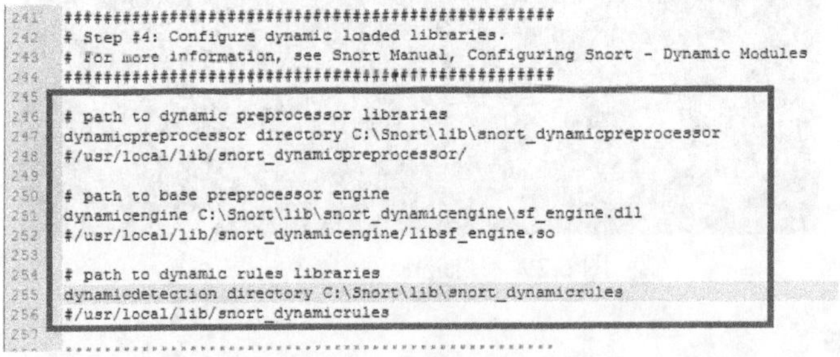

图 6.32 修改后配置文件路径

2)配置规则库

安装完 Snort 后，Snort 中并没有规则库，Snort 规则库需要在官网注册后下载，然后把下载好的规则库解压，把 rules 里面的文件全部复制到 "C:\Snort\rules" 目录下面。如果没有安装规则库就执行第一步中的命令，命令行窗口就会报如图 6.33 所示的错误。

图 6.33 缺少规则库

再次运行第一步中的命令后，命令行窗口又会分别报出如图 6.34 和 6.35 中的错误。

要解决这个问题需要在 "C:\Snort\rules" 文件夹下添加 "black_list.rules" 和 "white_list.rules" 这两个文件。

## 第 6 章 网络防御技术

图 6.34 缺少白名单

图 6.35 缺少黑名单

某些版本的 Snort 配置的时候还会出现其他的一些错误。如果命令行报出：

```
ERROR: c:\snort\etc\snort.conf<45> Unknow rule type:ipvar
```

解决这一问题首先要找到"etc"下的"snort.conf"配置文件，然后记事本打开这个配置文件，再把文件中的"ipvar"改为"var"，改好后必须保存一下。

另外，如果命令行报出：

```
Unknown preprocessor: "normalize_ip4".Fatal Error, Quitting…
```

需要把"normalize_ip4"注释掉（图 6.36）。

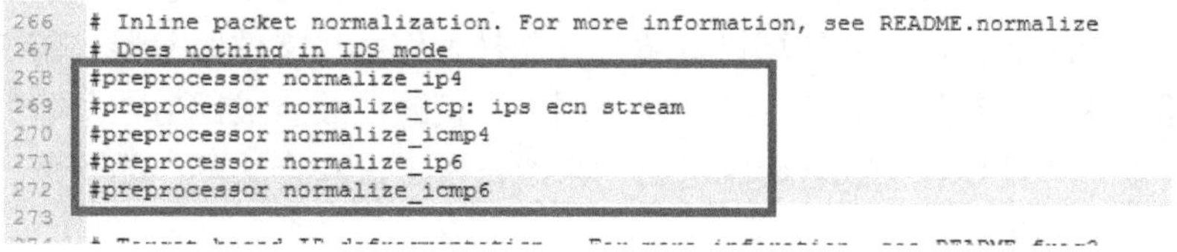

图 6.36 注释"normalize_ip4"

3）以入侵检测模式运行

配置完 Snort 后，就可以以入侵检测模式运行了（图 6.37）。

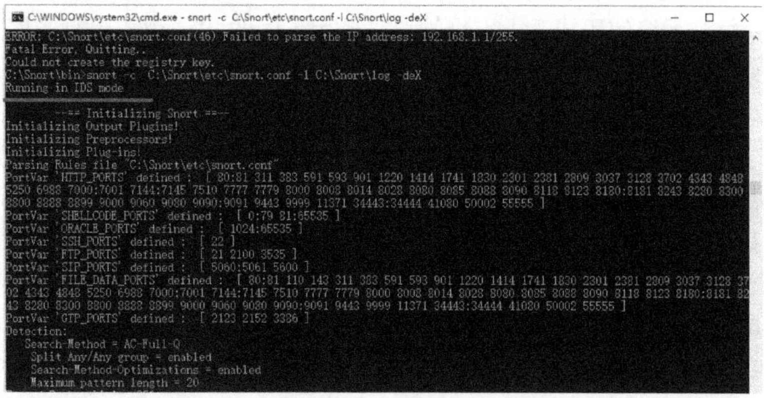

图 6.37 入侵检测模式

### 6.3.6 实验总结

通过本实验，可以掌握 Snort 安装使用过程，以及规则的配置，帮助理解入侵检测系统的工作原理。

## 6.4 Linux 蜜罐系统 HoneyDrive 3

### 6.4.1 实验目的

本次实验将搭建一个虚拟蜜罐（Honeypot）系统，并在该系统下进行一系列的实验，初步了解虚拟蜜罐的基本概念并使用它。本次实验使用到的 Honeyd 软件模拟出低交互蜜罐服务，低交互蜜罐简单且易维护，通过简单的配置，可使其为用户收集数据。低交互蜜罐可以作为一种提供预警的入侵检测系统，引诱攻击者远离生产机器。

在 HoneyDrive 3 系统下使用 Honeyd 构造一个可控环境，因为 Honeyd 的功能复杂，本次实验只是选取三个简单的实验操作，了解 Honeyd 的一些功能，并对构建出来的虚拟蜜罐进行入侵防御，查看入侵者的入侵行为。

### 6.4.2 实验原理和基础

蜜罐技术是一种欺骗入侵者以达到采集黑客攻击方法和保护真实主机目标的诱骗技术。蜜罐不同于大多数传统安全机制，它的安全资源的价值在于它被探测、被攻击，或者被威胁。蜜罐能够是任何计算机资源，它能是工作站、文件服务器、邮件服务器、打印机、路由器、任何网络设备，甚至整个网络。蜜罐是故意被部署在危险的环境中，以便它被攻击，并且相对于部署蜜罐的目的来说，蜜罐没有合法的产品价值，即它不能用于对外的正常服务。

虚拟蜜罐（Virtual Honeypot）可以用一种快速的方式配置若干个蜜罐，虚拟蜜罐软件能够模仿 IP 栈、OS 和真实系统的应用程序，一旦建立了虚拟蜜罐系统，在它被攻陷后也很容易重建。通常情况下，虚拟是完全在内存中实现的。虚拟蜜罐软件也允许在单一的物理主机上配置一个完全的蜜网（Honeynet），一个虚拟蜜罐系统可被用来模仿成千上万个系统，每个系统使用成千上万个端口且使用不同的 IP。由于整个蜜网部署在一台机器上，可以大大地减少费用，只要有足够大的内存与虚拟软件的支持，用户可以在一台机器上安装任意多的操作系统。

Honeyd 是一款优秀的虚拟蜜罐软件。它是一个守护程序，能够产生虚拟的主机，这些主机能够被配置以提供任意的服务，系统特征也与之相适应，以至于它看起来像真实的系统在运行。在一个局域网的网络仿真中，Honeyd 能够使单个主机拥有许多 IP（多达 65536 个），通过提供对威胁探测和评估的机制，增强计算机的安全性，通过隐藏真实的系统在虚拟的系统中，达到了阻止敌手的目的。

本实验在 VMware 软件运行 HoneyDrive 3 系统，一款 Linux 蜜罐系统，它是以虚拟设备（OVA）的方式安装在 Xubuntu 12.04.4 版本上面。HoneyDrive 系统里面包含了 10

款预装和预配置的蜜罐软件，系统上面还提供了一些脚本和工具来分析数据，并且数据通过可视化的方式呈现。下面使用其中的 Honeyd 虚拟蜜罐软件进行实验。

Honeyd 运行所使用的参数：

（1）-f configfile 参数告诉 Honeyd 在哪里找到它的配置文件。该配置文件包含关于虚拟蜜罐的所有信息，以及它们能为网络提供的服务。

（2）-i interface 表示默认情况下，Honeyd 使用第一个网络接口监听入站流量。不过，如果 Honeyd 机器有多个接口，需要使用命令行手工指定接口，接收虚拟蜜罐的流量。例如，假设主机有三个接口：eth0 在 192.168.1.0/24 中，eth1 在 10.1.0.0/24 中，eth2 在 10.2.0.0/24 中，如果要在后两个网络上创建虚拟蜜罐，需要在命令行中指定-i eth1 和-i eth2。

（3）-d 这个标志使 Honeyd 运行在调试模式下，所有的状态信息都被显示到当前终端上。

（4）-l logfile 启动使 Honeyd 把数据包级别的日志写入到指定的日志文件中，重要的是，这个文件和相关目录对于 Honeyd 是可写的。

（5）-s servicelog 类似数据包级别日志，启动这一标志使 Honeyd 记录模拟服务器提供的信息，这是一个服务器脚本写到 stderr 的所有数据。

（6）-o pof-file 是被动指纹识别数据库的路径名。这个数据库可以让 Honeyd 识别远程主机的操作系统。若正确安装 Honeyd，则不需要指定此标志。

### 6.4.3 实验环境

（1）操作系统：Windows 10；
（2）软件：VMware Workstation 虚拟机软件；
（3）蜜罐集成系统：HoneyDrive 3。

### 6.4.4 实验要求

1）正确配置虚拟蜜罐

搭建蜜罐环境有两种方法，一是在一个 Linux 系统终端下用命令行进行安装，但是这种方法失败概率非常大，因为在安装 Honeyd 时需要安装多个包，而 Linux 下安装软件需要合适的软件源。另一个办法是使用已经集成了 Honeyd 的 HoneyDrive 3 系统。

2）Honeyd 服务（23 端口防御）

尽管 Honeyd 已经提供了复杂的方法响应网络流量，但是一个蜜罐的现实功能还是体现在敌人能够对话的服务上。为了提供一个现实的服务所付出的努力，可以直接通过接收来自敌人的更多信息得到回报。

3）Honeyd 日志

Honeyd 的框架支持几种记录网络活动的方法，它可以创建连接日志，报告对所有协议尝试和完成的连接。该框架也使用 syslog 日志记录通信警告或系统级错误。Honeyd 与自定义脚本配合使用，用于解析和分析日志文件。

4）Honeyd 路由拓扑

Honeyd 不仅可以模拟主机，还可以模拟任意的路由拓扑。这一特性可用于欺骗入侵者，而且可以愚弄网络映射工具。Honeyd 不是完全模拟一个网络的所有方面，如实地再现其理解的网络行为，而是模拟足以欺骗入侵者以及普通网络映射工具可能使用到的内容。当模拟路由拓扑时，像代理 ARP 技术不再直接将数据包发送给 Honeyd 主机，而是需要配置一个路由器，把网络地址空间托付给运行 Honeyd 的主机。

### 6.4.5 实验内容和步骤

**1. Honeyd23 端口防御脚本**

这里实现一个简单的实例，在最简单的情况下，一个服务就是一个应用程序，它从 stdin 中读取输入并把输出写到 stdout 中。通过 Inetd 开始的 Internet 服务就是一个例子。

Windows 下开启 Telnet 服务，打开"Windows 控制面板"，选择"程序和功能"→"启动或关闭 Windows 功能"，勾选"Telnet 客户端"，开启 Telnet 功能（图 6.38）。

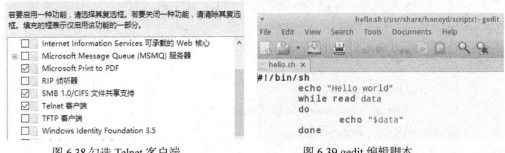

图 6.38 勾选 Telnet 客户端　　　　图 6.39 gedit 编辑脚本

HoneyDrive 3 系统下简单配置 Honeyd 运行脚本。通过命令行 "cd /usr/share/honeyd/scripts" 目录下，该目录可配置 Honeyd 文件，使用命令 "sudo gedit hello.sh" 创建一个名为"hello"的 shell 脚本。该脚本创建完后默认只有 root 能运行，通过命令 "sudo chmod 777 hello.sh" 改变 hello.sh 的权限，使 HoneyDrive 用户能运行该脚本（图 6.39）。

创建一个 Honeyd 的配置文件。"sudo gedit /etc/test1.config" 在 "etc" 目录下创建配置文件（图 6.40）。

```
create default
set default default tcp  action block
set default default udp  action block
set default default icmp action block
//以上三行模拟防火墙配置，block表示所有不响应
create linux
set linux personality "linux 2.4.20"
set linux Ethernet "dell"            //根据DELL生产规则创建MAC地址
```

# 第 6 章 网络防御技术

```
set linux default tcp action reset  //reset只响应打开端口，open响
                                      应所有端口捕捉蠕虫，block所有
                                      不响应，模拟防火墙
add linux tcp port 23 "/usr/share/honeyd/scripts/hello.sh"
//23为Telnet端口
dhcp linux eth0                     //绑定网卡
```

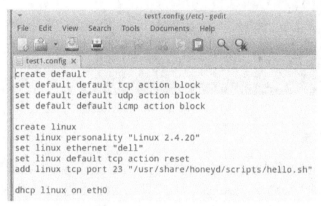

图 6.40 Honeyd 配置文件

保存该配置文件，通过命令"sudo honey -d-f /etc/test1.config"运行，成功运行后，在 Windows 系统"cmd"窗口下使用"Telnet 192.168.183.140"（运行 Honeyd 后分配的 IP 地址）进行链接，相当于一个简单的黑客入侵模拟，可以看到 hello.sh 脚本运行了，并且攻击系统执行的命令全部被反弹了。"honeyd-d"表示将所有输出都输出到终端上，"-f"表示加载配置文件（图 6.41）。

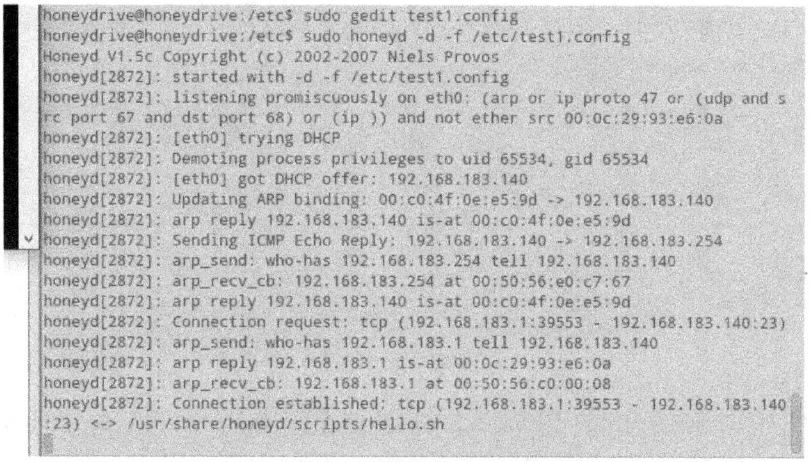

图 6.41 Honeyd 运行界面

在调试模式下运行 Honeyd，在正在运行的终端窗口中可以看到有关键的连接的额外信息（图 6.42）。

图 6.42 使用 Telnet 进行连接

**2. Honeyd 日志**

在前面运行 Honeyd 服务是通过 -d 参数将所有输出显示在终端，如果不使用-d 参数，将会把输出写入到"/var/log/messages"日志，但是该日志还存放了其他的 Linux 服务日志。通过命令"sudo honeyd -l [文件名]"把 Honeyd 数据包日志写入到指定文件。使用命令"sudo touch /etc/logfile"创建 Honeyd 日志文件，然后改变该日志文件的读写权限，使 Honeyd 能把日志信息写入到该文件中，使用命令"sudo chmod 777 /etc/logfile"。分析数据包日志是观察蜜罐收到流量的最简单的方法，该日志文件包含有关源和目标 IP 地址、正在使用的协议和端口号等信息。如果一个连接被建立，日志文件还包含该连接何时开始、何时结束以及传输了多少字节等信息。

接着通过命令"sudo honeyd -l /etc/logfile -f /etc/testrout.config"运行 Honeyd 服务并把日志写入到 logfile 文件，可以看到 Honeyd 在后台运行了。使用 superscan 进行扫描，看防御系统日志写入的日志包文件（图 6.43）。

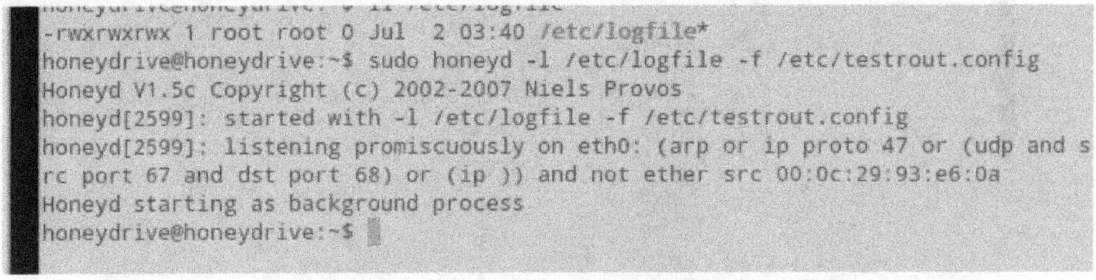

图 6.43 日志文件

对 172.31.1.16 这个 IP 的虚拟蜜罐主机进行扫描，扫描完毕后，回到 HoneyDrive 3 系统下打开日志文件查看防御日志（图 6.44）。

使用命令"sudo gedit /etc/logfile"查看日志文件，可以看到刚才使用扫描器对其进行扫描的记录（图 6.45）。

第 6 章 网络防御技术

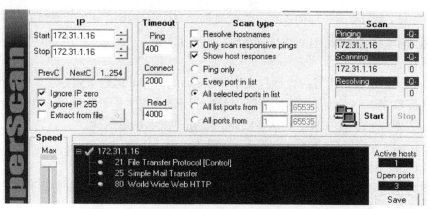

图 6.44 防御日志文件

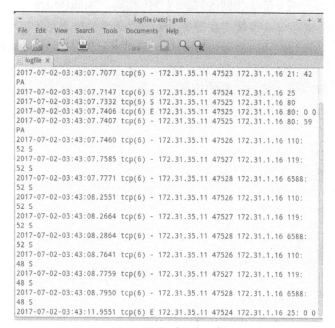

图 6.45 查看日志文件

日志文件的信息解读如表 6.1 所示。

表 6.1 日志文件信息表

| 日期 | 协议 | T | 源地址 | | 目的地址 | | 信息 | 注释 |
| --- | --- | --- | --- | --- | --- | --- | --- | --- |
| | | | IP | 端口 | IP | 端口 | | |
| 2017-07-02-03：42：43：07.6997 | tcp（6） | S | 172.31.35.11 | 47523 | 172.31.1.16 | 21 | | |
| 2017-07-02-03：42：43：07.7077 | tcp（6） | — | 172.31.35.11 | 47523 | 172.31.1.16 | 21 | 42PA | |

第一列日期列包含 Honeyd 接收到数据包时的时间戳。第二列是协议包含有关 Internet 协议的信息，通常是 TCP、UDP 或 ICMP 协议，然而当接收到罕见网络探测时，它也可能是任何其他的 Internet 协议。第三列的 T 包含连接类型，S 表示连接开始，E 表

示结束,"—"表示不属于任何连接。信息列包含与一个连接或一个数据想关的信息,当一个连接结束时,它包含 Honeyd 接收和发送的字节数。对于一个探测数据包,它包含附加协议信息:

(1) Tcp 为协议头内置的数据包大小和标志。Honeyd 识别下列标志;"F:fin"表示发送方传完数据;"S:Syn"表示同步序列号;"R:Rst"表示重置的链接;"P:Push"表示立即发送数据;"A:Ack"表示确认字段;"U:Urg"表示紧急指针。

(2) ICMP 为数据包的 ICMP 代码、类型和大小。

(3) UDP 为数据包大小。

信息列包含额外的用户可读信息,在多数情况下,它至少包含一个基于被动指纹识别的远程操作系统的猜测。

Honeyd 还有服务级日志,和创建数据包日志相同,"sudo touch /etc/serverlog",并修改读写权限。使用服务级日志使用参数-s,使用命令"sudo honeyd –l /etc/logfile –s /etc/serverlog –f /etc/testrout.config",用 SuperScan 扫描后,打开 serverlog 服务级日志可以看到的信息。

使用 Python 脚本统计日志文件的信息。

使用命令"sudo gedit /etc/log.py"创建 python 脚本并编写脚本:

```
#log.py
#!/usr/bin/env python
import sys
old_day = ''
ips={}
for line in open ('/etc/logfile'):
   (date, a, b, srcip, c) = line.split (' ', 4)
   day = '_'.join (date.split ('-') [0:3])
if day != old_day :
       if old_day :
             print old_day, len (ips)
       old_day = day
   ips = {}
ips[srcip] = 1
print day, len (ips)
```

保存后使用命令"sudo python /etc/log.py"运行脚本,显示统计数据包日志文件的信息,表明在 2017 年 7 月 2 日有一个 IP 对 Honeyd 防御系统进行了扫描(图 6.46)。

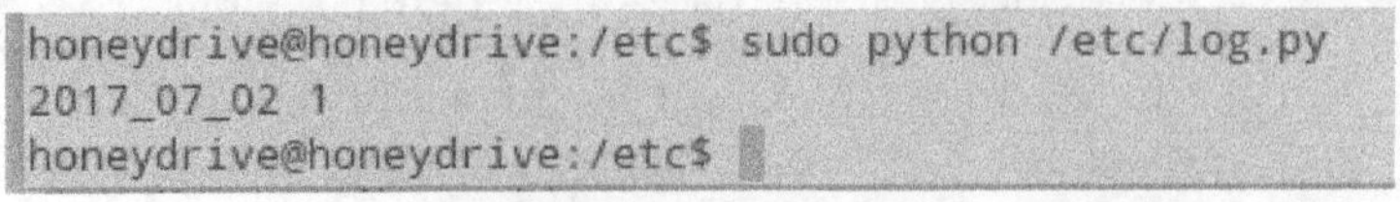

```
honeydrive@honeydrive:/etc$ sudo python /etc/log.py
2017_07_02 1
honeydrive@honeydrive:/etc$
```

图 6.46　运行 python 脚本

## 3. Honeyd 防御路由拓扑

Honeyd 可用于模拟很多虚拟蜜罐,不管是部署在它们自己专用网络上还是混合在生产网络里。Honeyd 不仅可以模拟主机,还可以模拟任意的路由拓扑。这一特性不仅可以用来欺骗敌人,而且可以愚弄网络映射工具。

图 6.47 所示为网络拓扑图,与 R2 连接的两个机器其中一个 IP 为 172.31.1.16/24。

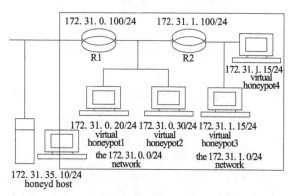

图 6.47　网络拓扑图

使用 Honeyd 创建网络拓扑,选择 HoneyDrive 3 系统的 Settings 的 Network Connections,单击【网卡】→【编辑】,默认为自动,改成手动模式"Manul",单击【Add】添加地址"172.31.35.10",网络掩码"255.255.255.0",网关"172.31.35.10",保存修改(图 6.48)。

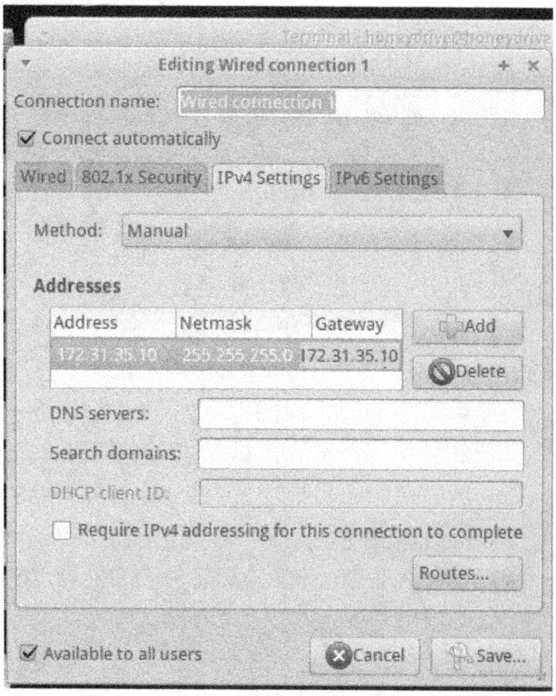

图 6.48　设置地址信息

本地主机（Windows）也要修改网段，使其和 HoneyDrive 3 在同一网络上。打开网络连接，选择本地主机的网络适配器，右击属性，选中 Internet 协议版本 4（TCP/IPv4），打开属性，将自动获得 IP 地址修改为使用下面的 IP 地址，将 IP 地址、子网掩码、默认网关填好，并保存修改（图 6.49）。

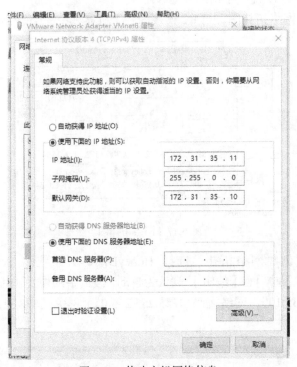

图 6.49　修改主机网络信息

在 HoneyDrive 3 下创建路由器模板 "sudo gedit /etc/testrout.config"，"/usr/share/honeyd/script/ router-telent.pl" 是一个默认的路由应答脚本：

```
bind 172.31.0.100 router
bind 172.31.1.100 router
```

这两句话绑定两个路由器 IP，创建了两个路由器。

使用 Honeyd 创建一个虚拟路由拓扑，配置文件以一个 "route entry" 行开始，指定拓扑中第一个路由器的 IP 地址，并告诉 Honeyd 路由应该从哪里开始。通常，虚拟路由拓扑可以想象为一棵以 entry 为根的树，树的每个内部结点代表一个路由器，每条边代表一个链路，链路包含延迟和丢包等特征，出口结点对应网络出口。

当指定一个 route entry 后，可以单独地配置每个路由器的网络，使用 link 语句配置直接访问的网络，通过 add net 语句配置添加另一个路由器负责的网络：

```
route entry 172.31.0.100 network 172.31.0.0/16
route 172.31.0.100 link 172.31.0.0/24
route 172.31.0.100 add net 172.31.1.0/24 172.31.1.100
route 172.31.1.100 link 172.31.1.0/24
```

在这个例子中,入口路由器 172.31.0.100 可以与自己的网络 172.31.0.0/24 直接对话。任何在路由拓扑中可到达的机器,应该在 link 语句所包含的网络中,包括路由器本身(图 6.50)。

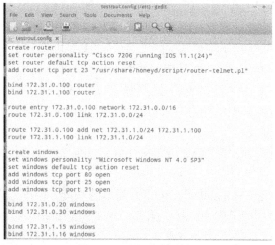

图 6.50　配置文件信息

保存,输入"sudo honeyd -d -f /etc/testrout.config",运行 Honeyd 服务(图 6.51)。

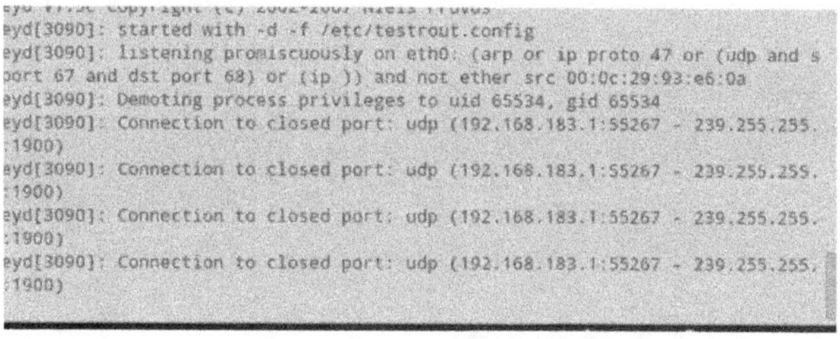

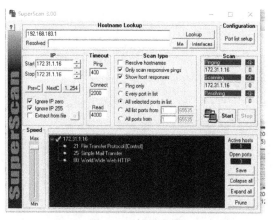

图 6.51 运行 Honeyd 服务

然后在本地主机下使用 SuperScan 扫描器进行扫描,可以看到对"172.31.1.16"虚拟蜜罐扫描结果,开启了 21、25、80 三个端口,这三个端口是在"testrout.config"配置文件中开启的(图 6.52)。

图 6.52　扫描蜜罐

扫描器对其他端口的扫描则会被 Honeyd 所截断。

## 6.4.6 实验总结

因为本次实验只是进行虚拟蜜罐系统的搭建，如果在一个没有安装 Honeyd 的 Linux 系统中进行 Honeyd 的全新安装，这样的安装失败概率很高，而且还需要进行一系列的软件配置。直接使用 HoneyDrive 3 系统集成的 Honeyd 即可。

在 Honeyd 日志实验中需要注意修改创建的日志文件的读/写权限，如果不修改权限，Honeyd 就无法往创建的日志文件中写入日志信息，导致实验失败。

本次实验中需要多次写配置文件或脚本文件，在写入配置文件和脚本文件时需要注意书写正确，可能会因为打错字母或者符号而导致实验失败，调试错误也要花费一定的时间。

本次实验只是介绍了 Honeyd 的几个相对简单的功能，但还是需要注意细节，例如，Honeyd 路由拓扑实验中配置虚拟拓扑，需要正确填写好每个模拟的蜜罐的 IP 地址。

# 第 7 章 应 用 安 全

随着网络上的应用流量不断增加，敏感数据面临着遭受针对应用的漏洞攻击的风险，许多管理员认为网络是安全的，因为部署了防火墙，甚至是入侵检测。但是，黑客很可能攻击应用层，因为该层存在更大的漏洞。应用安全，顾名思义就是保障应用服务使用过程和结果的安全，简言之，就是针对应用程序或工具在使用过程中可能出现计算、存储、传输数据的泄露和失窃，通过安全工具防护或策略来消除隐患。本章安排了常见的 Web 应用安全、Email 应用安全、VPN 应用技术三个实验模块带领大家理解和掌握应用安全类的相关理论和实践技术。

## 7.1 Web 站点实现 SSL 加密访问与握手过程分析

### 7.1.1 实验目的

本实验将实现 Web 站点的 SSL 加密访问，其中包括 CA 证书颁发机构的安装，这也是 SSL 应用的基础工作，然后创立一个 Web 站点并为其申请 CA 证书，测试 SSL，即实现从 HTTP 到 HTTPS 访问方式的转换，再对 Web 访问中 TCP 握手过程与 SSL 握手过程进行详细分析，直观表达 SSL 所能提供的数据安全性，从而比较 HTTPS 与 HTTP 的安全性。

### 7.1.2 实验原理和基础

**1. SSL**

SSL 安全套接层，是由 Netscape 开发的一种国际标准的加密及身份认证通信协议，作用是在应用端和服务器端之间建立一条相对独立的、安全的通道，并利用自身的数学加密算法对来往的信息进行严格加密，从而保证数据在此通道内传输时拥有足够的安全性。

SSL 协议可分为两层：

（1）SSL 记录协议（SSL Record Protocol），它建立在可靠的传输协议 TCP 之上，为高层协议提供数据封装、压缩、加密等基本功能的支持；

（2）SSL 握手协议（SSL Handshake Protocol），它建立在 SSL 记录协议之上，用于在实际的数据传输开始前，通信双方进行身份认证、协商加密算法、交换加密密钥等。

**2. HTTPS**

HTTPS 安全超文本传输协议，是以安全为目标的 HTTP 通道，简单讲是 HTTP 的安全版。即 HTTP 下加入 SSL 层，HTTPS 的安全基础是 SSL，它是一个 URI Scheme（抽象标识符体系），句法类同 HTTP 体系，用于安全的 HTTP 数据传输。https:URL 表明它使用了 HTTP，但 HTTPS 存在不同于 HTTP 的默认端口及一个加密/身份验证层（在 HTTP 与 TCP 之间）。单有 HTTPS 协议而没有 SSL 的辅助是无法实现加密的。

**3. CA 证书颁发机构**

给 IIS 配置 SSL 的访问方式，需要部署 CA，CA 是为了实现证明安全的目的，建立一套系统或平台，可以用来证明某些事物的合法性和真实存在性，并且为此提供足够强的保护，从而来抵御外界的攻击。

### 7.1.3 实验环境

（1）本次实验需在服务器版本操作系统 Windows Server 2003/2008 上进行，因此安装 VMware 虚拟机是最方便、安全的选择。在虚拟机上搭建服务器版本操作系统 Windows Server 2003。

（2）安装 CA 前，请先安装好 IIS。

（3）安装 Wireshark 抓包软件。

### 7.1.4 实验要求

本实验将分为两个部分：

**1. Web 站点实现 SSL 加密访问**

首先在 Windows Server 2003 安装证书颁发机构 CA，然后在 Internet 信息服务管理器上创建一个网站，该网站目前可用 "https://" 进行访问，这时候为了实现对该网站的 SSL 加密访问，将为该网站申请一个证书来证明其合法性和真实存在性，并且为此提供足够强的保护，从而来抵御外界的攻击。这时候依照以下步骤：生成证书请求文件→为网站申请证书→为网页导入证书来进行网站证书申请与处理。接下来便要验证导入证书后的是否真的实现安全性保障，对网站进行 "https://" 访问与 "https://" 访问得出不同网页反馈信息。

**2. 握手过程分析**

由于以上状态只能通过对网站进行 "http:// " 访问与 "https:// " 访问得出不同网页反馈信息，那么如何进一步更直观、深切地感受到两者在安全性的差异呢？这里将使用抓包工具对两种方式下的握手过程进行抓包分析，并对数据量进行跟踪，数据流中的明/密文处理数据传输可以说明一切。

### 7.1.5 实验内容和步骤

**1. Web 站点实现 SSL 加密访问**

1）安装 CA 并查看与导出根证书

首先安装 VMware 虚拟机并搭建服务器版本操作系统 Windows Server 2003，然后单击左下角【开始】→【程序】→【管理工具】→【管理您的服务】→【配置您的服务器向导】→【定义配置】→【下一步】。

在"配置服务器角色"界面中首先确保应用程序服务器是开启状态,然后准备安装 CA。

打开"添加与删除程序",找到"添加与删除组件",找到"证书服务"(图 7.1)。

图 7.1　配置服务器角色

提示:由于安装 CA 后会将计算机名绑定到 CA,并会存储在活动目录中,所以装完 CA 后无法修改计算机名称,这里单击【确定】。

这里有 4 种 CA 可供选择:企业根 CA 与独立根 CA 为两类,就范围和功能性而言前者更广,这两者各自又有一个从属 CA,从属 CA 是为上级 CA 授权给下级 CA 机构来颁发证书准备的。一个网络首个安装的 CA 必须为根 CA,这里选择较大权限的独立根 CA(图 7.2)。

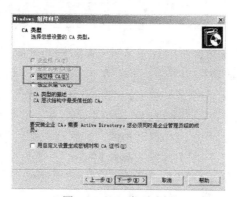

图 7.2　CA 类型选择

这里的输入需要注意:"此 CA 的公用名称"自己命名,这里设定为"ca20170626clj";"可分辨符后缀"不重要;"有效期限"是指安装的 CA 机构可正常运行的期限,默认为"5 年",即自安装起 5 年内可以正常处理各类证书的申请请求、撤销证书等,若不愿默认可手动更改,右边将会出现相应的过期时间(图 7.3)。

接下来是 CA 证书的数据库及日志存放路径设置,可以手动修改。

要完成 CA 的安装后面会提示需要临时停止 IIS 服务器,由于在这里还没有开始 Web 的相应操作,即为运行 Web,因而后面的弹窗提示直接全部单击【确定】即可。

图 7.3　CA 识别信息

若无故障发生，CA 可成功安装，下面可以查看 CA。

依次打开【开始】→【程序】→【管理工具】→【Certification Authority】，主界面如图 7.4 所示。

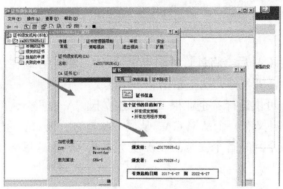

图 7.4　查看根证书的信息

在这里可以看到在申请 CA 的时候输入的 CA 机构的名称，其下分别有吊销的证书、颁发的证书、挂起的证书和失败的证书 5 个文件夹，可以右键单击根 CA 名【ca20170626clj】，选择"属性"来查看根证书的信息。

单击根证书的【详细信息】，还可以查看证书的版本、序列号、签名算法和公钥等。

如需进行证书的导出，可以选择右下角的"复制到文件"（图 7.5（a）），选择想要导出的文件格式，单击了【下一步】并输入存储路径，证书就成功导出了（图 7.5（b））。

(a)

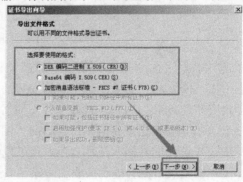

(b)

图 7.5　导出证书

2）创建 Web 站点并为其申请 CA 证书实现 SSL 加密访问

依次执行【开始】→【运行】，输入命令行语句"ipconfig"，查看本机的 IP 地址（图 7.6）。

图 7.6　查看本机 IP 地址

首先，在 C 盘创建文件夹"clj-testweb"，在里面创建目录 testpage，目录下创建"index.htm"，并在.htm 文件里写入一些数据。

然后，依次查找【开始】→【程序】→【管理工具】→【Internet 信息服务（IIS）管理器】，展开本地，找的网站并右键选择创建新网站，在创建网站的界面填写之前查找的本机 IP 地址，并链接到刚创建的"C：\clj-testweb\testpage\index.htm"，创建结果如图 7.7 所示。

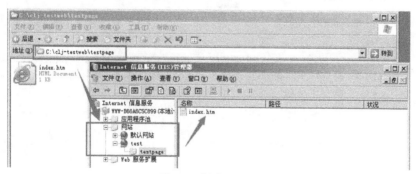

图 7.7　创建新网站

打开浏览器，搜索"http://192.168.230.128/"，显示创建的目录（图 7.8）。

图 7.8　浏览器中显示创建的目录

单击该目录，网页中可显示在"index.htm"中预写的数据。

3）为创建的网站申请 CA 证书

此处即可体现第一步中安装 CA 的作用。

首先需要为指定的站点申请一份请求证书文件，打开 IIS，找到特点的站点"test"。

右键【属性】，再选择"目录安全性"下的"服务器证书"（图 7.9（a）），选择"新建证书"（图 7.9（b）、7.10）。

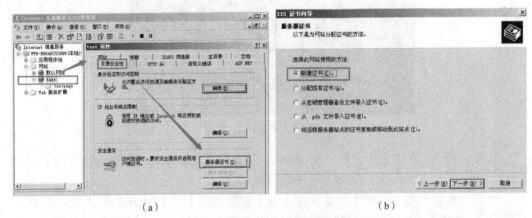

图 7.9 为创建的网站申请证书 1

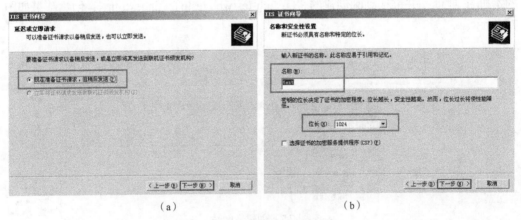

图 7.10 为创建的网站申请证书 2

这里的公共名称默认为本机的计算机名（图 7.11（a）），不能随意更改，因为这将直接影响后续的访问过程，在输入请求的证书文件名处，稍后还会用到该文件来制作证书（图 7.11（b））。

显示申请的基本信息，若准确无误则可单击【下一步】完成证书的请求文件的制作。

接下来，可以根据刚刚生成的请求文件路径"C：\certreq.txt"，查看内部数据（图7.12）。

打开浏览器，搜索 http://localhost/certsrv，打开了证书的 Web 申请页面如图 7.13 所示，单击【申请一个证书】。

# 第 7 章 应用安全

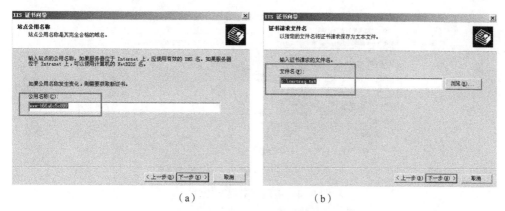

（a） （b）

图 7.11 为创建的网站申请证书 3

图 7.12 查看证书内部数据

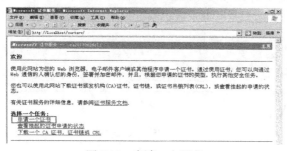

图 7.13 申请一个证书

再选择"高级证书申请",此时已经生成了一份证书申请,所以选择第二项进行提交(图 7.14（a）),将请求文件"C:\certreq.txt"中的内容全选复制到如图 7.14（b）所示的框内,再单击提交。

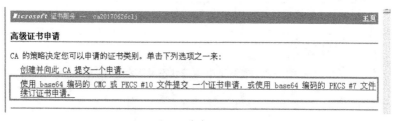

（a）

图 7.14 申请证书提交

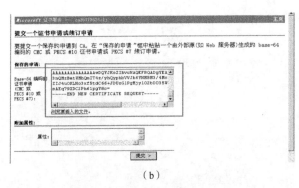

(b)

图 7.14 申请证书提交（续）

页面给出了反馈信息"您的申请 Id 为 3"，留待后期检索申请状况（图 7.15）。

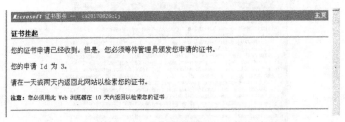

图 7.15 反馈信息

依次打开【开始】→【程序】→【管理工具】→【Certification Authority】，查看"挂起的证书"，此时发现申请 ID 为 3 的证书申请在列表当中，右键选择"颁发"，可在"颁发的证书"找到 ID 为 3 的 CA 证书，表示改证书申请过程已成功（图 7.16）。

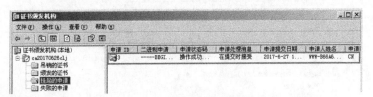

图 7.16 证书申请成功

回到 CA 证书申请网页，可以查看之前的证书申请状态，得到的反馈信息是证书已颁发，可以下载证书（图 7.17）。

图 7.17 查看证书申请状态并下载证书

4）为之前创建的网站导入 Web 证书

打开 test 站点的属性，单击【目录安全性】（图 7.18）。

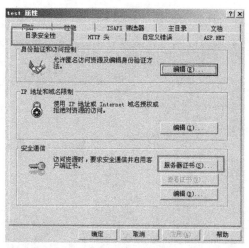

图 7.18  目录安全性

选择"处理挂起的请求并安装证书"(图 7.19(a)),此时将刚刚保存好的从网页下载的证书文件导入进去(图 7.19(b)),SSL 默认 443 端口无须更改(图 7.19(c))。

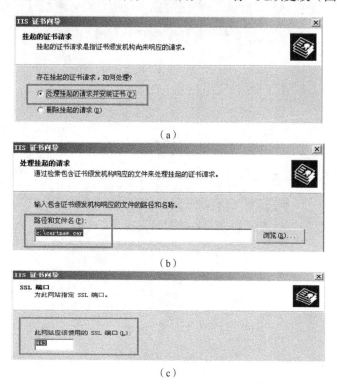

图 7.19  为创建的网站导入 Web 证书

后续只要进行默认操作即可,直到最后一个弹窗会显示为该 test 网站安装好了该证书。

5)测试 SSL 网站是否已具备加密访问的功能

既然做完了创建网站→生成证书请求文件→为网站申请证书→为网页导入证书,下面需要测试 SSL 网站是否已具备加密访问的功能,首先做一些简单的设置(图 7.20)。

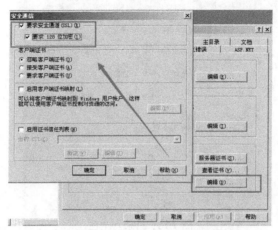

图 7.20  测试 SSL 网站加密访问功能

然后在浏览器上输入之前输入过的网址信息 http://192.168.230.128/testpage,此时发现访问失败并提示需要键入"https://"通过安全通道查看(图 7.21)。

图 7.21  HTTP 访问失败

根据提示输入,再进行搜索,出现如图 7.22 所示弹窗,单击【确定】。

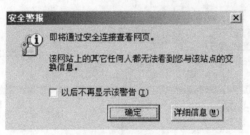

图 7.22  安全提示

网址"https://192.168.230.128/testpage"访问成功,并显示了之前键入的信息,也可以通过计算机名进行访问,得到的效果是一样的。

### 2. 握手过程分析

接下来用 Wireshark 实际分析下 TCP 三次握手过程与 TLS/SSL 握手过程的区别,以便更好地理解。

## 1) TCP 三次握手过程

以图 7.23 中可以看到，Wireshark 截获了三次握手的三个数据包，第四个包才是 HTTP 包，这说明 HTTP 的确是使用 TCP 建立连接的。

图 7.23　Wireshark 抓取 TCP 三次握手包

第一次握手的数据包，客户端发送一个 TCP，标志位为 SYN，序列号为 0，代表客户端请求建立连接（图 7.24）。

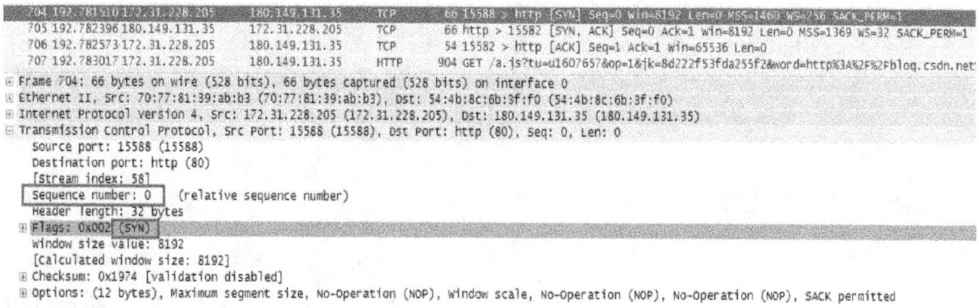

图 7.24　第一次握手包

第二次握手的数据包，服务器发回确认包，标志位为 SYN、ACK。将确认序号（Acknowledgement Number）设置为客户的 ISN 加 1，即 0+1=1（图 7.25）。

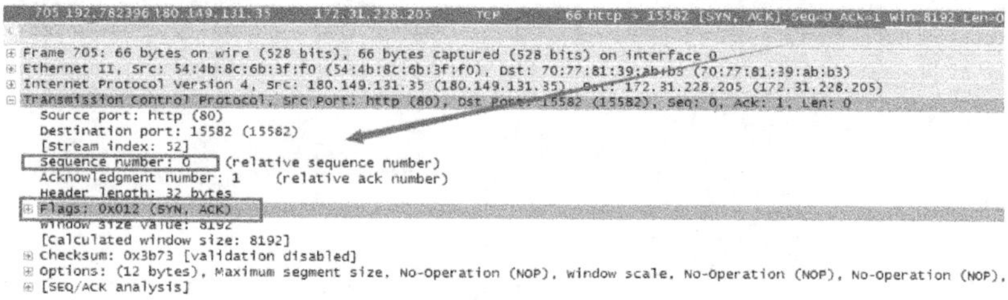

图 7.25　第二次握手包

第三次握手的数据包，客户端再次发送确认包（ACK）SYN 标志位为 0，ACK 标志位为 1，把服务器发来的 ACK 序号字段加 1，放在确定字段中发送给对方，并且在数据段放写 ISN 的加 1（图 7.26）。

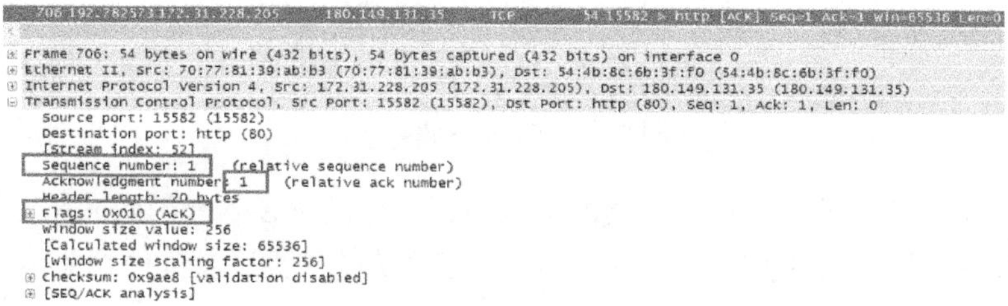

图 7.26　第三次握手包

下面跟踪一个 HTTP 包并打开其数据流内容（图 7.27）。

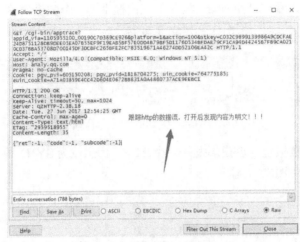

图 7.27　跟踪 HTTP 包

2）TLS/SSL 握手过程

（1）第一阶段。

客户端浏览器向服务器发起 TCP 连接请求，建立起 TCP 连接后，客户端向服务器发送 Client Hello 消息，传送客户端支持的最高 SSL 协议的版本号、随机数、加密算法列表，以及其他所需信息。Client Hello 消息的内容如图 7.28 所示。

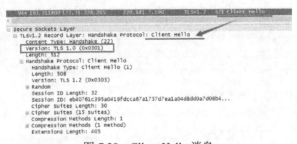

图 7.28　Client Hello 消息

Cipher Suits 字段是一个枚举类型，说明了客户端所支持的算法（图 7.29）。

```
⊟ Cipher Suites (15 suites)
    Cipher Suite: TLS_ECDHE_ECDSA_WITH_AES_128_GCM_SHA256 (0xc02b)
    Cipher Suite: TLS_ECDHE_RSA_WITH_AES_128_GCM_SHA256 (0xc02f)
    Cipher Suite: Unknown (0xcca9)
    Cipher Suite: Unknown (0xcca8)
    Cipher Suite: TLS_ECDHE_ECDSA_WITH_AES_256_GCM_SHA384 (0xc02c)
    Cipher Suite: TLS_ECDHE_RSA_WITH_AES_256_GCM_SHA384 (0xc030)
    Cipher Suite: TLS_ECDHE_ECDSA_WITH_AES_256_CBC_SHA (0xc00a)
    Cipher Suite: TLS_ECDHE_ECDSA_WITH_AES_128_CBC_SHA (0xc009)
    Cipher Suite: TLS_ECDHE_RSA_WITH_AES_128_CBC_SHA (0xc013)
    Cipher Suite: TLS_ECDHE_RSA_WITH_AES_256_CBC_SHA (0xc014)
```

图 7.29　Cipher Suits 字段

服务器收到客户端建立 SSL 连接的请求后，通过发送 Server Hello 消息向客户端传送 SSL 协议的版本号、随机数、会话 ID、加密算法的种类以及其他相关信息。消息内容如图 7.30 所示。

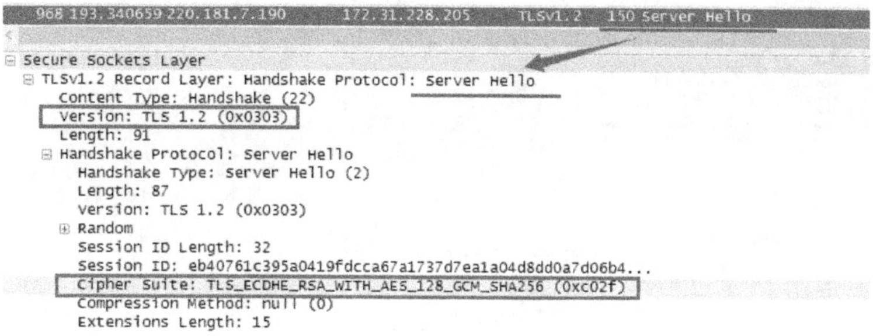

图 7.30  Server Hello 消息

（2）第二阶段。

服务器向客户端发送包含其证书的 Certificate 消息。证书中所携带服务器的公钥，用于加密后面消息中预主密钥。消息内容如下：从图 7.31 可以看到，服务器实际上发送的是一条证书链，包含从服务器证书到其根证书总共 4 个证书。

图 7.31  Certificate 消息

（3）第三阶段。

服务器发送完 Certificate 消息后继续发送 Server Key Exchange 和 Server Hello Done 消息。Server Key Exchange 消息中包含有密钥交换算法所需要的额外参数；Server Hello Done 消息表示服务器已发送完此阶段的全部信息（图 7.32）。

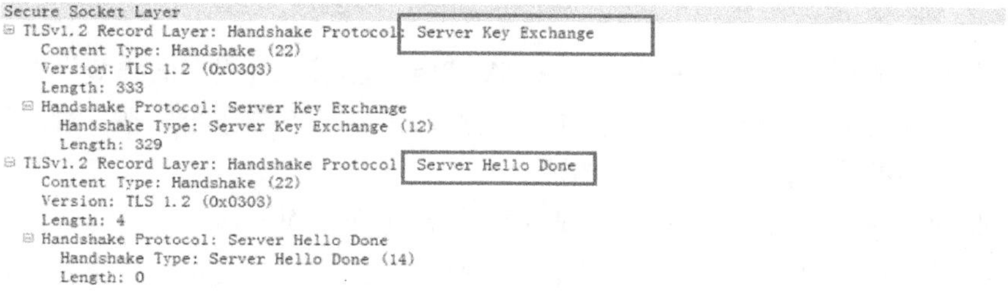

图 7.32  Server Key Exchange 和 Server Hello Done 消息

客户端发送 Client Key Exchange 和 Change Cipher Spec 消息。Client Key Exchange 包含使用服务器 RSA 公钥加密过的随机数 Pre_Master_Secret，该参数用于后续生成主密钥；Change Cipher Spec 消息告诉服务器，接下来的消息将采用新协商的加密套件和密钥进行通信，并通知客户端到服务器的握手过程结束（图 7.33）。

图 7.33 Client Key Exchange 和 Change Cipher Spec 消息

下面跟踪一个 TLS 下的数据包（HTTPS）并打开其数据流内容（图 7.34）。

图 7.34 跟踪 TLS 数据包

### 7.1.6 实验总结

本实验在环境搭建时需要注意，安装 CA 和申请证书时有很多的细节设置，尤其是在填写有关计算机名与文件保存地址等信息这些环节，若不能适当处理，对后面的操作影响很大，具体的设置情况见前面的描述。

本实验的第一部分为 Web 站点实现 SSL 加密访问，而如何体现其加密访问的作用（即安全性）是本次实验的一个重点，既然说 HTTPS 比 HTTP 安全，那两者之间的区别到底是什么？因此，我们通过本实验的第二部分对握手过程具体分析与抓取的不同数据包内容来加以说明。

## 7.2 基于 PGP 的 E-mail 安全技术

### 7.2.1 实验目的

电子邮件是分布式网络环境中使用最为普遍的应用服务，其安全可靠性要求系统能提供保密和认证业务。PGP（Pretty Good Privacy）安全电子邮件系统适用于个人或企业作为安全通信的加密标准，具有很高的安全性，并且可从网上获得免费安装。本实验的目的是熟悉公开密钥密码体制，了解证书的基本原理，熟悉数字签名；成功安装 PGP 软件，掌握公钥与私钥生成与备份方法，通过 PGPkeys 管理密钥，掌握 PGP 加密信息的方法，使用 Outlook 发送加密邮件，通过实验深入理解 PGP 的工作原理，从而熟练掌握使用 PGP 对邮件进行加密和签名，掌握如何组合 IDEA、DES 或 AES、RSA 等算法进行数据的安全传输。

## 7.2.2 实验原理和基础

**1. 电子邮件加密标准**

目前常用的一些 Email 安全标准（包括官方的标准和事实上的标准）有 MOSS、PEM、PGP、PGP／M1ME 和 S／MIME。其中 MIME 对象安全服务 MOSS 和保密增强邮件 PEM 是没有被广泛实现的标准。S／MIME 是在 PEM 的基础上建立起来的一个官方标准，现被许多软件厂商使用。它选择 RSA 的 PKCS 7 标准同 MIME 一起使用来保密所有的 Internet Email 信息。PGP 既是一个特定的安全 Email 应用，又是一个安全 Email 标准。尽管标准委员会并没有规定它是安全 Email 的标准，但 PGP 在全球的广泛应用已经使它成为一个事实上的标准。

**2. PGP 加密标准**

PGP 是一个软件加密程序，用户可以使用它在不安全的通信链路上创建安全的消息和通信，如电子邮件和网络新闻。PGP 使用各种形式的加密方法，它用一种简单的包格式组合消息以提供简单、高效的安全机制，使得消息在 Internet 或者其他网络上被安全地传送。PGP 与其他邮件加密标准相比，在符合官方标准的绝大多数规范基础上，采用了分布式的信任模型，即由每个用户自己决定该信任哪些用户，而不像 PEM 那样建立在 PKI（公钥基础结构）上，需要多方在一个共同点上达成信任，也不像 S／MIME 依赖于层次结构（树状）的证书认证机构。也就是说，PGP 不是去推广一个全局的 PKI，而是让用户自己建立自己的信任网。在 PGP 系统中，信任是双方之间的直接关系，或是通过第三者、第四者的间接关系，但任意两方之间都是对等的，整个信任关系构成网状结构。这样的结构，既利于系统的扩展，又利于与其他系统安全模式的兼容并存。特别是，PGP 选用的内部算法，包括 MD5、DES（IDEA）、RSA，都是人们普遍使用且被事实证明为可信、可用的成熟算法，并且可以方便地得到各种算法的各个版本的源程序，非常利于开发。PGP 实现了以下几点安全和通信需求：

（1）采用一次一密的对称加密方法，密钥随邮件加密传送，每次可以不同；
（2）RSA 密钥最长可达 48 bit；
（3）数字签名验证防止了中途篡改和伪造；
（4）邮件内容经过压缩，减少了传送量；
（5）进行 base64 编码，便于兼容不同邮件传送系统。

#### 3. PGP 的安全性

PGP 在安全性问题上的审慎考虑体现在 PGP 的各个环节。PGP 程序对随机数的产生是很审慎的，关键的随机数（像 RSA 密钥）的产生是从用户敲键盘的时间间隔上取得随机数种子的。PGP 在加密前使用 PKZIP 算法对明文进行预压缩处理。一方面，对电子邮件而言，压缩后加密再经过 7bits 编码密文有可能比明文更短，从而节省了网络传输的时间；另一方面，明文经过压缩，实际上相当于经过一次变换，信息更加杂乱无章，对明文攻击的抵御能力更强。PGP 加密的消息具有层次性的安全性。假定密码分析者知道接收者的密钥 ID，他从加密的消息中仅能知道接收者是谁；如果消息是签名的，接收者只有在解密消息后才知道此消息签名的人。PGP 在今天的发展是非常迅速的，而从上面的简单描述中就可以看到，PGP 是非常安全的。

### 7.2.3 实验环境

在 VMware 中配置的 Windows XP 虚拟机，PGP8.1 安装包，PGP 8.1 汉化包，Outlook Express 6.0。

### 7.2.4 实验要求

（1）掌握 PGP 软件的安装；
（2）熟练掌握其使用方法和功能，学会用 PGP 对邮件进行加密和签名；
（3）加深对公开密钥密码体制和证书基本原理的理解，进一步扩展对数字签名的认知。

### 7.2.5 实验内容和步骤

#### 1. 软件安装

和其他软件一样，运行安装程序后，进入安装界面，单击【Next】按钮，然后是许可协议，这里是必须接受的，点【Yes】按钮，进入提示安装 PGP 所需要的系统和软件配置情况的界面，继续点【Next】按钮，出现创建用户类型的界面，选择如图 7.35 所示。

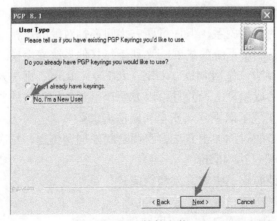

图 7.35 软件安装

## 第 7 章 应用安全

新用户需要创建并设置一个新的用户信息。继续点【Next】按钮，来到了程序的安装目录（安装程序会自动检测系统，并生成以系统名为目录名的安装文件夹），建议将 PGP 安装在安装程序默认的目录，也就是系统盘内。再次点【Next】按钮，出现选择 PGP 组件的窗口，安装程序会检测系统内所安装的程序，如果存在 PGP 可以支持的程序，将自动选中（图 7.36）。

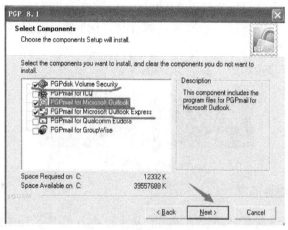

图 7.36　选择 PGP 组件

其中，第一个是磁盘加密组件，第二个是 ICQ 实时加密组件，第三个是微软的 Outlook 邮件加密组件，第四个是有大量使用者的 Outlook Express，简称 OE。后面的安装过程就只需单击"Next"，最后再根据提示重启系统即可完成安装。

重启后，输入许可证（图 7.37）：

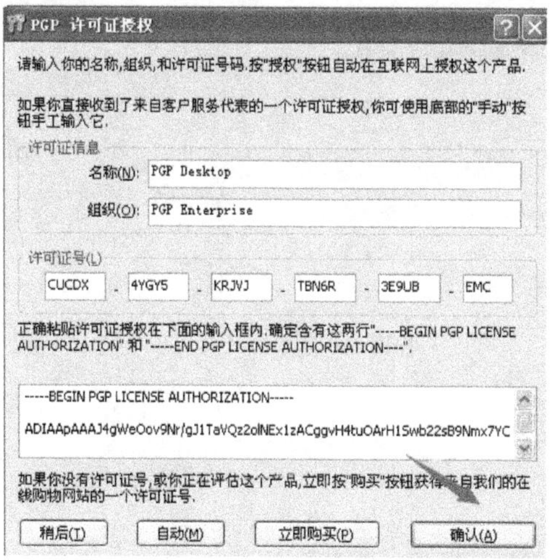

图 7.37　许可证授权

（1）"名称"输入"PGP Desktop"；
（2）"组织"输入"PGP Enterprise"；
（3）"许可证号"输入"CUCDX-4YGY5-KRJVJ-TBN6R-3E9UB-EMC"；

（4）"许可证授权"粘贴

"-----BEGIN PGP LICENSE AUTHORIZATION-----
ADIAApAAAJ4gWeOov9Nr/gJ1TaVQz2olNEx1zACggvH4tuOArH1Swb22sB
9Nmx7YC6w=
-----END PGP LICENSE AUTHORIZATION-----"

注意：PGP 安装完毕后，会自动在 Outlook 中添加 PGP 图标，若使用的是第三方提供的邮箱，如 163 等，则 PGP 不会在发送邮件时自动加密，需要利用后面的步骤，手动做加/解密、数字签名等。

安装成功后，会显示如图 7.38 所示的图标。

图 7.38  安装成功

### 2. 创建和设置初始用户

重启后，进入系统时会自动启动 PGPtray.exe，这个程序是用来控制和调用 PGP 的全部组件的，接下来进入新用户创建与设置。启动 PGPtray 后，会出现一个 "PGP 密钥生成向导"，单击【下一步】按钮，进入 "分配姓名和电子邮箱"界面，在 "全名" 处输入想要创建的用户名，"Email 地址"处输入用户所对应的电子邮件地址，完成后单击【下一步】按钮（图 7.39）。

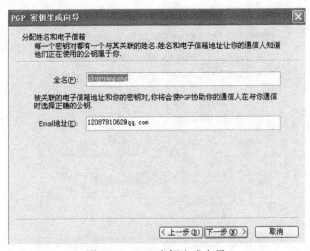

图 7.39  PGP 密钥生成向导

接下来进入"分配密码界面"，在"密码"处输入密码，"确认"处再次输入密码，密码长度必须大于 8 位，建议为 12 位以上，如果出现 "Warning: CapsLock is activated!" 的提示信息，说明开启了 CapsLock 键（大小写锁定键），点一下该键关闭大小写锁定后再输入密码，因为密码是要分大小写的。完成后单击【下一步】按钮（图 7.40）。

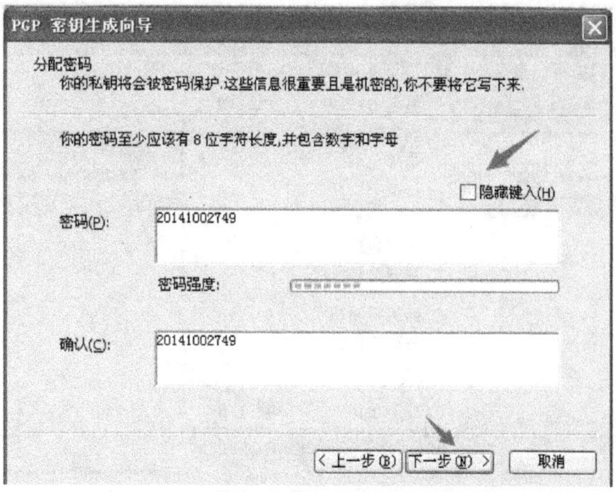

## 第 7 章 应用安全

图 7.40 设置密码

最后进入"密钥生成进程",等待主密钥和次密钥生成完毕(出现完成)。单击【下一步】按钮,进入"完成该 PGP 密钥生成向导",再点【完成】按钮,用户就创建并设置好了。

### 3. 导出并分发公钥

启动 PGPkeys,将看到密钥的一些基本信息,如 Validity(有效性,PGP 系统检查是否符合要求,如符合,就显示为绿色)、Trust(信任度)、Size(大小)、Description(描述)、Key ID(密钥 ID)、Creation(创建时间)、Expiration(到期时间)等(图 7.41)。如果没有那这么多信息,使用菜单组里的"View",并选中里面的全部选项)。

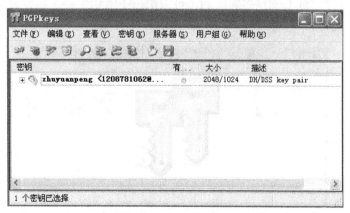

图 7.41 启动 PGPkeys

需要注意的是,这里的用户其实是以一个"密钥对"形式存在的,也就是说,其中包含了一个公钥(公用密钥,可分发给任何人,别人可以用此密钥来对要发送的文件或邮件等进行加密)和一个私钥(私人密钥,只有个人所有,不可公开分发,此密钥用来解密别人用公钥加密的文件或邮件)。现在要做的就是要从这个"密钥对"内导出公钥(图 7.42)。

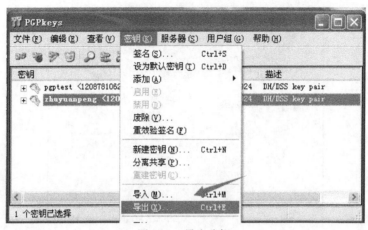

图 7.42 导出公钥

单击创建的用户，在上面点右键，选择"导出"，在出现的保存对话框中，确认只选中了"包含6.0公钥"，然后选择一个目录，再点【保存】按钮，即可导出公钥，扩展名为.asc。

导出后，就可以将此公钥放在网站上，或者发给朋友，告诉他们以后发重要邮件或文件的时候，通过PGP使用此公钥加密后再发，这样做一是能防止被人窃取后阅读看到一些个人隐私或商业机密，二是能防止病毒邮件。一旦看到没有用PGP加密过的文件，或者是无法用私钥解密的文件或邮件，就能更有针对性地操作了，如删除或杀毒。虽然比以前的文件发送方式和邮件阅读方式麻烦一点，但是却能更安全地保护隐私和公司的机密。

若想在一台计算机上创建多对密钥，可以单击【密钥】→【新建密钥…】，再次打开"PGP密钥生成向导"，按照向导提示产生（图7.43）。

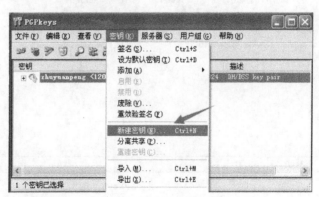

图 7.43 创建多对密钥

**4. 导入并设置其他人的公钥**

1）导入公钥

直接单击（根据系统设置不同，也可能是双击）对方发过来的扩展名为.asc的公钥，将会出现"选择密钥"的窗口，在这里能看到该公钥的基本属性，如有效性、创建时间、信任度等，便于了解是否应该导入此公钥。选好后，单击【导入】按钮，即可导入进 PGP（图 7.44）。

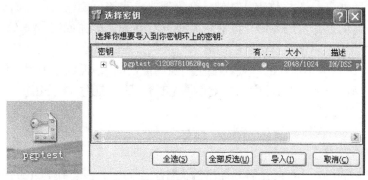

图 7.44　导入公钥

2）设置公钥属性

接下来打开 PGPkeys，就能在密钥列表里看到刚才导入的密钥（图 7.45）。

图 7.45　设置公钥属性

选中，点右键，选择"密钥属性"，能查看到该密钥的全部信息，如是否是有效的密钥、是否可信任等（图 7.46）。

图 7.46　查看密钥信息

在这里，如果直接拉动"不信任的"的滑块到"信任的"，将会出现错误信息。正确的做法应该是关闭此对话框，然后在该密钥上点右键，选择"签名"，在出现的"PGP密钥签名"对话框中，单击【OK】按钮，会出现要求为该公钥输入密码的对话框，这时输入设置用户时的那个密码短语，再继续点【OK】按钮，即完成签名操作。查看密码列表里该公钥的属性，应该在"有效性"栏显示为绿色，表示该密钥有效。最后点右键，选择"密钥属性"，将"不信任的"处的滑块拉到"信任的"，再点【关闭】按钮即可，这时看密钥列表里的公钥，"信任度"处就不再是灰色了，说明这个公钥被PGP加密系统正式接受，可以投入使用了。

**5. 使用公钥加密文件**

不用开启PGPkeys，直接在需要加密的文件上点右键，会看到PGP的菜单组，进入该菜单组，选择"加密"，将出现"PGP外壳－密钥选择对话框"（图7.47）。

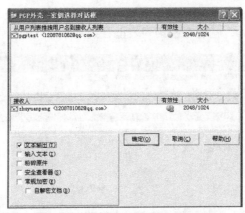

图7.47　PGP外壳－密钥选择对话框

（1）文本输出：解密后以文本形式输出；

（2）输入文本：选择此项，解密时将以另存为文本输入方式进行加密；

（3）粉碎原件：加密后粉碎掉原来的文件，不可恢复；

（4）常规加密：输入密码后进行常规加密，有点局限性；

（5）自解密文档：继承于常规加密，此方式也经常使用到，通常加密目录下的所有文件。

在这里可以选择一个或者多个公钥，上面的窗口是备选的公钥，下面的是准备使用的公钥，想要使用备选窗里的哪个公钥进行加密操作，就双击该公钥，它就会从备选窗口转到准备使用窗口；已经在准备使用窗内的，如果不想使用它，也通过双击的方法，使其转到备选窗口。选择好后，单击【确定】按钮，经过PGP的短暂处理，会在想要加密的那个文件的同一目录生成一个格式为"加密的文件名.pgp"的文件，这个文件就可以用来发送了，刚才使用哪个公钥加密的，就只能发给该公钥所有人，别人无法解密。只有该公钥所有人才有解密的私钥。如果要加密文本文件，如.txt，并且想要将加密后的内容作为帖子或邮件内容发布，那么，就在刚才选择公钥的窗口，选中左下脚的文本输出",这样创建的加密文件将是 "加密的文件名.asc"的格式,此时用文本编辑器打开的时候看到的就不是没有规律的乱码了(不选择此项,输出的加密文件将是乱码),而是很有序的格式,便于复制。

图 7.48 是将"this is a test txt"这几个字加密后的测试结果。

图 7.48　测试文本

PGP 还支持创建自解密文档,只需要在刚才选择公钥的对话框中选中"自解密文档",单击【确定】按钮,输入一个密码短语,再确认一次,单击【OK】按钮,出现保存对话框,选一个位置保存即可。这时创建的就是"加密的文件名.sda.exe"文件,这个功能支持文件夹加密,类似 WINZIP 或 WINRAR 的压缩打包功能。值得一提的是,PGP 给文件进行超强加密之后,还能对其进行压缩,利于网络传输。

**6. 分发 PGP 公钥并发送 PGP 加密邮件**

从 PGP 程序组打开 PGPmail(图 7.49)。

图 7.49　打开 PGPmail

图 7.49 所示功能依次如下:

PGPkeys、加密、签名、加密并签名、解密效验、擦除、自由空间擦除。关于上述功能,将在下面的 PGPmail for Outlook 的组件中进行演示。

在 OE 中,如果安装了 PGPmail for OutLook Express 的插件,可以看到 PGPmail 加载到了 OE 的工具栏里(带有锁状的按钮)(图 7.50)。

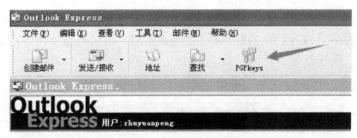

图 7.50 Outlook 客户端

写好如下邮件，全选，复制，然后选择"PGP"→"剪贴板"→"加密"（图 7.51）。

图 7.51 编辑拟发送的加密邮件

弹出"接收者选择"窗口，从上方的列表中用鼠标进行双击添加到下面的接收者列表里面（图 7.25（a））。单击【确定】，效果如图 7.52（b）所示。

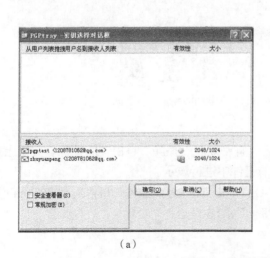

(a)

(b)

图 7.52 收到邮件的效果

收到邮件后，单击右上角的"解密 PGP"，在"为列出的密钥输入密码"中输入密码，解密成功（图 7.53）。

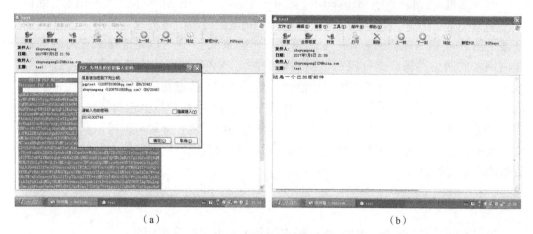

(a)　　　　　　　　　　　　　　(b)

图 7.53　解密邮件的效果

### 7.2.6　实验总结

本实验要求深入理解 PGP 的工作原理，熟练掌握使用 PGP 对邮件进行加密和签名。通过本实验，可以加深对公开密钥密码体制和证书基本原理的理解，熟悉数字签名，掌握公钥与私钥生成与备份的方法，学习使用 Outlook 发送加密邮件，通过实验深入理解 PGP 的工作原理，从而熟练掌握使用 PGP 对邮件进行加密和签名，掌握如何组合 IDEA、DES 或 AES、RSA 等算法进行数据的安全传输。

## 7.3　VPN 安全通信

### 7.3.1　实验目的

（1）了解和学习 Windows VPN 技术；
（2）学习和掌握 Windows 系统中 VPN 的功能、配置与使用操作。

### 7.3.2　实验原理和基础

**1. VPN 概述**

虚拟专用网络（Virtual Private Network，VPN）是一种常用于连接中、大型企业或团体与团体间的私人网络的通信方法。虚拟私人网络的信息透过公用的网络架构（如互联网）来传送内联网的网络信息。它利用已加密的通道协议（Tunneling Protocol）来达到保密、发送端认证、消息准确性等私人消息安全效果。这种技术可以用不安全的网络（如互联网）来发送可靠、安全的消息。需要注意的是，加密消息与否是可以控制的，没有加密的虚拟专用网消息依然有被窃取的危险。

### 2. VPN 安全通信基本原理

VPN 通过要公共网络（如 Internet）建立一个临时、专用通信信道实现网络安全通信。

VPN 通信系统由 VPN 端点和它们之间建立安全通信信道构成。其中，通过建立安全通信信道的 VPN 端点可以是一个通信终端（如主机），也可以是连接私有网络（如企业内网）的网关，需要进行机密数据传输的两个 VPN 端点均连接在公共通信网（如 Internet）上。当需要进行机密数据传输时，通过 VPN 端点在公共网络上建立一条虚拟的专用通信通道，称为隧道（Tunnel），然后 VPN 端点将用户数据包封装成 IP 报文后通过该隧道传达给另一个 VPN 端点，VPN 端点收到数据包并拆封后就可以获得真正的报文。此外，隧道两侧的 VPN 授权用户就可以在授权范围内使用单位内部的数据，实现数据的安全交换。

### 3. VPN 分类标准

根据不同的划分标准，VPN 可以按以下几个标准进行分类划分：

1) 按 VPN 的协议分类

VPN 的隧道协议主要有 PPTP、L2TP 和 IPSec 三种，其中 PPTP 和 L2TP 协议工作在 OSI 模型的第二层，又称为二层隧道协议；IPSec 是第三层隧道协议。

2) 按 VPN 的应用分类

（1）Access VPN（远程接入 VPN）。客户端到网关，使用公网作为骨干网在设备之间传输 VPN 数据流量。

（2）Intranet VPN（内联网 VPN）。网关到网关，通过公司的网络架构连接来自同公司的资源。

（3）Extranet VPN（外联网 VPN）。与合作伙伴企业网构成 Extranet，将一个公司与另一个公司的资源进行连接。

## 7.3.3 实验环境

（1）硬件环境：两台联网的计算机。
（2）软件环境：Windows 7，Windows 10。

## 7.3.4 实验要求

（1）在 Windows 7 平台下构建 VPN 服务器。
（2）在 Windows 10 平台下配置 VPN 客户端。

## 7.3.5 实验内容和步骤

### 1. VPN 服务器的搭建

（1）在"控制面板"→"网络和 Internet"→"网络连接"中，文件菜单下选择"新建传入连接"（图 7.54）。

# 第7章 应用安全

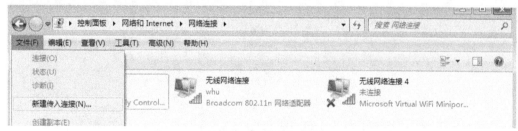

图 7.54 新建传入连接

（2）选择用于远程登录的账号。

单击【添加用户】按钮可以添加新的用户，这是比较推荐的做法，因为这样添加的用户不属于任何用户组，仅仅用于登录（图 7.55）。

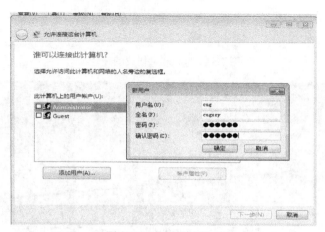

图 7.55 选择登录用户

（3）通过 VPN 连接（图 7.56）。

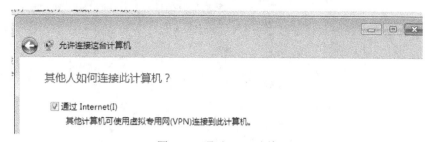

图 7.56 通过 VPN 连接

（4）进行相关协议的配置。

选择 "Internet 协议版本 4（TCP/IPv4）"，可以选择对于 IP 地址是采取 DHCP 自动分配还是手动划分一个地址段分配，或者是否允许客户端自己指定 IP 地址（图 7.57）。

（5）查看主机 IP 地址（图 7.58）。

（6）手动划分地址段。

如图 7.58 所示，VPN 服务器的 IP 地址为 192.168.1.100，在此划分地址段为

192.168.1.101~192.168.1.109（图7.59）。

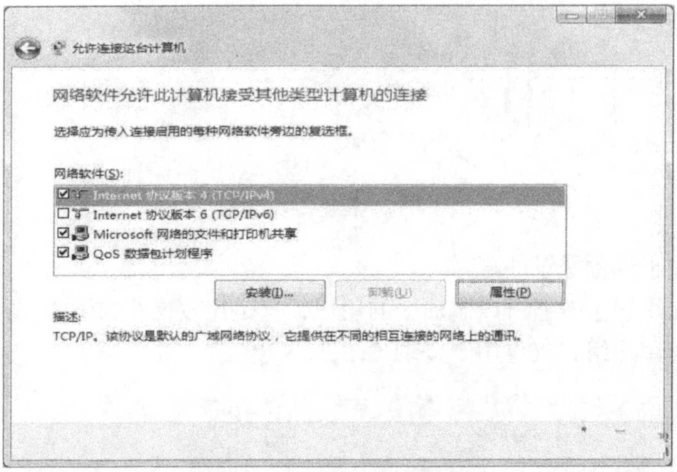

图 7.57 进行相关协议的配置

图 7.58 查看主机 IP 地址

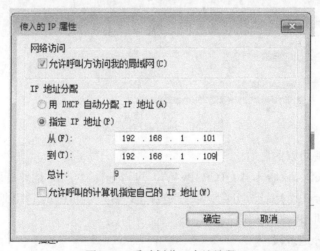

图 7.59 手动划分一个地址段

(7) 得到连接 VPN 需要输入的信息(图 7.60)。

图 7.60  得到连接 VPN 需要输入的信息

(8) VPN 服务端创建成功(图 7.61)。

图 7.61  VPN 服务端创建成功

## 2. VPN 客户端配置

(1)在 Windows 10 搜索框内搜索"设置",打开 Windows 10 系统的"设置"(图 7.62)。

图 7.62  打开 Windows 10 系统的"设置"

(2)添加 VPN 连接(图 7.63)。

图 7.63　添加 VPN 连接

(3)配置 VPN 连接。

添加 VPN 服务端的 IP 地址为 192.168.1.100(图 7.64)。

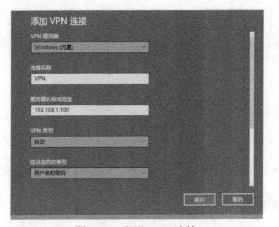

图 7.64　配置 VPN 连接

(4)连接 VPN。

设置登陆 VPN 的用户名为"cug",口令为"123456"(图 7.65)。

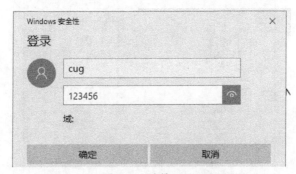

图 7.65　连接 VPN

(5)成功连接 VPN(图 7.66)。

图 7.66　成功连接 VPN

(6) VPN 服务端显示有一个 VPN 连接(图 7.67)。

图 7.67　VPN 服务端显示有一个 VPN 连接

(7)查看网络连接。

在 VPN 客户端上的命令行窗口输入"ipconfig",窗口可以看到客户端建立了一个 VPN 连接(图 7.68)。

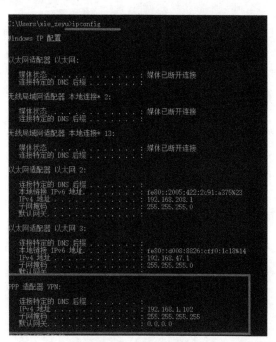

图 7.68　VPN 连接 IP 地址

### 7.3.6 实验总结

本实验尝试在 Windows 系统平台下进行 VPN 客户端和服务器的搭建，在此基础之上，应该继续深入学习和实验。作为扩展内容，读者可以进行 VPN 加密、认证测试和应用的实践，用抓包软件对比 VPN 配置前后的区别，以帮助更加深入地理解 VPN 的工作原理。

# 附录 1  实验用表格

### 附表 1.1  实验基本情况报告

| | |
|---|---|
| 实验题目 | |
| 实验内容 | |
| 实验设计 | |
| 实验中出现问题及其应对预案 | |
| 实验 参与人员及其分工 | <table><tr><td>班级</td><td>姓名</td><td>学号</td><td>组号</td><td>机器号</td></tr><tr><td></td><td></td><td></td><td></td><td></td></tr><tr><td></td><td></td><td></td><td></td><td></td></tr><tr><td></td><td></td><td></td><td></td><td></td></tr><tr><td></td><td></td><td></td><td></td><td></td></tr></table> |
| 实验地点 | ○实验室　　○其他_____ |

续表

| 实验题目 | | | |
|---|---|---|---|
| 实验参加者联系方式 | 联系人姓名 | | |
| | 电子信箱 | | |
| | 电　话 | | |
| 教师评语与建议 | | | |
| 教师姓名 | | 电话 | |
| 电子信箱 | | | |

## 附表 1.2　实验完成报告

(以实验小组为单位)

| 实验目的 | | | | | |
|---|---|---|---|---|---|
| 班级 | | | 姓名 | | |
| 实验时间 | | | | 实验地点 | |
| 实验硬件环境 | 设备名称 | 规格 | 型号 | 数量 | 备注 |
| | | | | | |
| | | | | | |
| | | | | | |
| | | | | | |
| | | | | | |
| | | | | | |
| 实验软件环境 | | | | | |
| 实验拓扑 | | | | | |
| 实验方案实施过程 | | | | | |
| 实验讨论、技巧及注意事项 | | | | | |
| 教师评语 | | | | | |
| 成绩 | | 指导教师姓名 | | 日期：　年　月　日 | |

附表 1.3 实验分析讨论报告（总结）

| 实验题目 | | | | |
|---|---|---|---|---|
| 班级 | | 姓名 | | |
| 实验建议 | | | | |
| 备注 | | | | |
| 教师评估 | | | | |
| 成绩 | | 指导教师姓名 | | 日期： 年 月 日 |

# 附录 2  常用网络命令

**附表 2.1  常用网络命令**

| 命令 | 功能 |
| --- | --- |
| ping | 测试到目标主机的延迟 |
| tracert | 显示数据包到达目的主机所经过的路径 |
| route | 显示、人工添加和修改路由表项目 |
| arp | 确定对应 IP 地址的网卡物理地址 |
| ipconfig | 显示当前的 TCP/IP 配置的设置值 |
| netstat | 显示活动的 TCP 连接、计算机侦听的端口、以太网统计信息、IP 路由表、IPv4 统计信息（对于 IP、ICMP、TCP 和 UDP 协议）以及 IPv6 统计信息（对于 IPv6、ICMPv6、通过 IPv6 的 TCP 以及 UDP 协议） |
| nbtstat | 查看计算机上网络配置信息 |
| net | 一个管理网络环境、服务、用户、登录等命令的命令集合 |
| nslookup | 查询任何一台机器的 IP 地址和其对应的域名 |

# 附录3 常用端口速查

附表3.1 常用端口一览表

| 端口 | 服务 | 作用 |
|---|---|---|
| 1 | tcpmux | TCP 端口服务多路复用 |
| 5 | rje | 远程作业入口 |
| 7 | echo | Echo 服务 |
| 9 | discard | 用于连接测试的空服务 |
| 11 | systat | 用于列举连接了的端口的系统状态 |
| 13 | daytime | 给请求主机发送日期和时间 |
| 17 | qotd | 给连接了的主机发送每日格言 |
| 18 | msp | 消息发送协议 |
| 19 | chargen | 字符生成服务；发送无止境的字符流 |
| 20 | ftp-data | FTP 数据端口 |
| 21 | ftp | 文件传输协议（FTP）端口；有时被文件服务协议（FSP）使用 |
| 22 | ssh | 安全 Shell（SSH）服务 |
| 23 | telnet | Telnet 服务 |
| 25 | smtp | 简单邮件传输协议（SMTP） |
| 37 | time | 时间协议 |
| 39 | rlp | 资源定位协议 |
| 42 | nameserver | 互联网名称服务 |
| 43 | nicname | WHOIS 目录服务 |
| 49 | tacacs | 用于基于 TCP/IP 验证和访问的终端访问控制器访问控制系统 |
| 50 | re-mail-ck | 远程邮件检查协议 |
| 53 | domain | 域名服务（如 BIND） |
| 63 | whois++ | WHOIS++，被扩展了的 WHOIS 服务 |
| 67 | bootps | 引导协议（BOOTP）服务；还被动态主机配置协议（DHCP）服务使用 |
| 68 | bootpc | Bootstrap（BOOTP）客户；还被动态主机配置协议（DHCP）客户使用 |
| 69 | tftp | 小文件传输协议（TFTP） |
| 70 | gopher | Gopher 互联网文档搜寻和检索 |

续表

| 端口 | 服务 | 作用 |
|---|---|---|
| 71 | netrjs-1 | 远程作业服务 |
| 72 | netrjs-2 | 远程作业服务 |
| 73 | netrjs-3 | 远程作业服务 |
| 73 | netrjs-4 | 远程作业服务 |
| 79 | finger | 用于用户联系信息的 Finger 服务 |
| 80 | http | 用于万维网（WWW）服务的超文本传输协议（HTTP） |
| 88 | kerberos | Kerberos 网络验证系统 |
| 95 | supdup | Telnet 协议扩展 |
| 101 | hostname | SRI-NIC 机器上的主机名服务 |
| 102 | iso-tsap | ISO 开发环境（ISODE）网络应用 |
| 105 | csnet-ns | 邮箱名称服务器；也被 CSO 名称服务器使用 |
| 107 | rtelnet | 远程 Telnet |
| 109 | pop2 | 邮局协议版本 2 |
| 110 | pop3 | 邮局协议版本 3 |
| 111 | sunrpc | 用于远程命令执行的远程过程调用（RPC）协议，被网络文件系统（NFS）使用 |
| 113 | auth | 验证和身份识别协议 |
| 115 | sftp | 安全文件传输协议（SFTP）服务 |
| 117 | uucp-path | Unix 到 Unix 复制协议（UUCP）路径服务 |
| 119 | nntp | 用于 USENET 讨论系统的网络新闻传输协议（NNTP） |
| 123 | ntp | 网络时间协议（NTP） |
| 137 | netbios-ns | 在红帽企业 Linux 中被 Samba 使用的 NETBIOS 名称服务 |
| 138 | netbios-dgm | 在红帽企业 Linux 中被 Samba 使用的 NETBIOS 数据报服务 |
| 139 | netbios-ssn | 在红帽企业 Linux 中被 Samba 使用的 NET BIOS 会话服务 |
| 143 | imap | 互联网消息存取协议（IMAP） |
| 161 | snmp | 简单网络管理协议（SNMP） |
| 162 | snmptrap | SNMP 的陷阱 |
| 163 | cmip-man | 通用管理信息协议（CMIP） |
| 164 | cmip-agent | 通用管理信息协议（CMIP） |
| 174 | mailq | MAILQ |
| 177 | xdmcp | X 显示管理器控制协议 |
| 178 | nextstep | NeXTStep 窗口服务器 |
| 179 | bgp | 边界网络协议 |

续表

| 端口 | 服务 | 作用 |
|---|---|---|
| 191 | prospero | Cliffod Neuman 的 Prospero 服务 |
| 194 | irc | 互联网中继聊天（IRC） |
| 199 | smux | SNMP UNIX 多路复用 |
| 201 | at-rtmp | AppleTalk 选路 |
| 202 | at-nbp | AppleTalk 名称绑定 |
| 204 | at-echo | AppleTalk echo 服务 |
| 206 | at-zis | AppleTalk 区块信息 |
| 209 | qmtp | 快速邮件传输协议（QMTP） |
| 210 | z39.50 | NISO Z39.50 数据库 |
| 213 | ipx | 互联网络分组交换协议（IPX），被 Novell Netware 环境常用的数据报协议 |
| 220 | imap3 | 互联网消息存取协议版本 3 |
| 245 | link | LINK |
| 347 | fatserv | Fatmen 服务器 |
| 363 | rsvp_tunnel | RSVP 隧道 |
| 369 | rpc2portmap | Coda 文件系统端口映射器 |
| 370 | codaauth2 | Coda 文件系统验证服务 |
| 372 | ulistproc | UNIX Listserv |
| 389 | ldap | 轻型目录存取协议（LDAP） |
| 427 | svrloc | 服务位置协议（SLP） |
| 434 | mobileip-agent | 可移互联网协议（IP）代理 |
| 435 | mobilip-mn | 可移互联网协议（IP）管理器 |
| 443 | https | 安全超文本传输协议（HTTP） |
| 444 | snpp | 小型网络分页协议 |
| 445 | microsoft-ds | 通过 TCP/IP 的服务器消息块（SMB） |
| 464 | kpasswd | Kerberos 口令和钥匙改换服务 |
| 468 | photuris | Photuris 会话钥匙管理协议 |
| 487 | saft | 简单不对称文件传输（SAFT）协议 |
| 488 | gss-http | 用于 HTTP 的通用安全服务（GSS） |
| 496 | pim-rp-disc | 用于协议独立的多址传播（PIM）服务的会合点发现（RP-DISC） |
| 500 | isakmp | 互联网安全关联和钥匙管理协议（ISAKMP） |
| 535 | iiop | 互联网内部对象请求代理协议（IIOP） |
| 538 | gdomap | GNUstep 分布式对象映射器（GDOMAP） |

续表

| 端口 | 服务 | 作用 |
|---|---|---|
| 546 | dhcpv6-client | 动态主机配置协议（DHCP）版本 6 客户 |
| 547 | dhcpv6-server | 动态主机配置协议（DHCP）版本 6 服务 |
| 554 | rtsp | 实时流播协议（RTSP） |
| 563 | nntps | 通过安全套接字层的网络新闻传输协议（NNTPS） |
| 565 | whoami | whoami |
| 587 | submission | 邮件消息提交代理（MSA） |
| 610 | npmp-local | 网络外设管理协议（NPMP）本地 / 分布式排队系统（DQS） |
| 611 | npmp-gui | 网络外设管理协议（NPMP）GUI / 分布式排队系统（DQS） |
| 612 | hmmp-ind | HMMP 指示 / DQS |
| 631 | ipp | 互联网打印协议（IPP） |
| 636 | ldaps | 通过安全套接字层的轻型目录访问协议（LDAPS） |
| 674 | acap | 应用程序配置存取协议（ACAP） |
| 694 | ha-cluster | 用于带有高可用性的群集的心跳服务 |
| 749 | kerberos-adm | Kerberos 版本 5（v5）的"kadmin"数据库管理 |
| 750 | kerberos-iv | Kerberos 版本 4（v4）服务 |
| 765 | webster | 网络词典 |
| 767 | phonebook | 网络电话簿 |
| 873 | rsync | rsync 文件传输服务 |
| 992 | telnets | 通过安全套接字层的 Telnet（TelnetS） |
| 993 | imaps | 通过安全套接字层的互联网消息存取协议（IMAPS） |
| 994 | ircs | 通过安全套接字层的互联网中继聊天（IRCS） |
| 995 | pop3s | 通过安全套接字层的邮局协议版本 3（POPS3） |